工业园区环境管理系列研究

水环境管理篇

生态环境部对外合作与交流中心　编著

U0247918

中国环境出版集团·北京

图书在版编目（CIP）数据

工业园区环境管理系列研究. 水环境管理篇/生态环境部对外合作与交流中心编著. —北京：中国环境出版集团，2022.2
ISBN 978-7-5111-5398-2

Ⅰ．①工… Ⅱ．①生… Ⅲ．①工业园区—水环境—环境管理—研究—中国 Ⅳ．①X321.202②X143

中国版本图书馆 CIP 数据核字（2022）第 247690 号

出 版 人	武德凯
责任编辑	孔　锦
封面设计	岳　帅

出版发行　中国环境出版集团
　　　　　（100062　北京市东城区广渠门内大街 16 号）
　　　　　网　　址：http://www.cesp.com.cn
　　　　　电子邮箱：bjgl@cesp.com.cn
　　　　　联系电话：010-67112765（编辑管理部）
　　　　　　　　　　010-67112735（第一分社）
　　　　　发行热线：010-67125803，010-67113405（传真）

印　　刷	北京建宏印刷有限公司
经　　销	各地新华书店
版　　次	2023 年 2 月第 1 版
印　　次	2023 年 2 月第 1 次印刷
开　　本	787×960　1/16
印　　张	12.75
字　　数	200 千字
定　　价	69.00 元

本书编委会

前　言

　　工业是我国污染防治的重点领域，工业健康发展是落实党的十九大精神、确保进入新时代我国经济由高速增长转向高质量增长的关键。工业企业集中布局在工业园区，有利于形成并发挥规模效应、集聚效应，有利于优势互补、资源共享、循环利用、降低成本，但工业园区同时也成为环境污染排放强度大、环境风险高的集聚区。全国工业园区污水处理基础设施建设、污水收集处理效能等方面还存在问题，长江、黄河等重点流域沿岸化工园区高密度布局现象普遍，如果环境管理不到位，必然会对周边环境造成影响，导致周边地表水、地下水、大气、土壤受到污染。

　　为深入推动工业园区水污染防治工作，在党中央、国务院的正确领导下，生态环境部会同国家发展改革委、科技部、工业和信息化部、商务部等，陆续制定出台一系列政策措施，引导、规范工业园区环境管理。特别是党的十八大以来，我国连续发布了《大气污染防治行动计划》《水污染防治行动计划》《土壤污染防治行动计划》三个行动计划和《中共中央　国务院关于全面加强生态环境保护坚决打好污染防治攻坚战的意见》《中共中央　国务院关于深入打好污染防治攻坚战的意见》等文件，明确了工业园区生态环境保护工作的主要目标和具体举措，工业园区水污染防治工作进入快行期和攻坚期。

本书主要介绍了我国工业园区水污染防治工作的现状和成效，梳理了国内外典型工业园区废水治理的政策要求和评估整治策略，分析了化工、电镀等重点专业园区废水治理的基本情况，并对近年来被广泛关注的工业园区污水处理协同减污降碳和初期雨水治理进行了探讨。

　　本书在编撰过程中，得到了生态环境部相关司局的指导，以及浙江省生态环境厅、浙江省生态环境科学设计研究院、中国石化联合会、中国人民大学环境学院、北京化工大学环境学院等单位和相关专家的支持和帮助，在此对参与本书编写和资料整理的人员表示衷心的感谢！

　　由于时间仓促，书中难免存在不足与疏漏之处，敬请各位专家学者包涵指正。

编　者

2022 年 9 月

目　录

第一章

我国工业园区水污染防治[①]

　　工业废水污染物种类复杂、水质水量变化大，有些行业废水中甚至含有毒性物质，与城镇生活污水相比，一旦超标排放，对环境造成污染危害性更高，甚至威胁人民群众的身体健康。历史上发生的多起水环境污染事件，如"水俣病事件""莱茵河污染事件"等，均是由工业废水长期直排或超标排放引起的。根据环境统计年报数据，2015 年，全国废水排放总量为 735.3 亿 t，其中工业废水排放量为 199.5 亿 t，占废水排放总量的 27%。工业园区是工业企业集聚区，也是工业废水排放的集中区，水环境风险较其他区域更突出，因此工业园区水污染防治工作更需要夯实基础，常抓不懈。近年来，我国出台了一系列政策强化工业园区废水排放监管，如《中华人民共和国水污染防治法》（以下简称《水污染防治法》）以及《水污染防治行动计划》（以下简称"水十条"）对工业园区环境基础设施建设和水污染防治做出明确规定，在生态环境部及相关部门的强力推动下，全国省级及以上工业集聚区基础设施建设任务总体完成情况良好，但仍存在不少问题，需要进一步补齐短板，提升监管能力。本章根据对相关资料的整理和调研，分析了我国工业园区的基本情况和污水处理排放情况，摘录了国家和各地近年来出台

---

① 本章作者：杨铭、林臻、唐艳冬、张晓岚、陈坤。

的水污染防治政策要点，并针对各地在落实有关政策时存在的问题，提出水环境管理对策建议。

一、我国工业园区污水处理现状

（一）工业园区简述

1. 基本情况

改革开放以来，我国借鉴国外工业园区发展经验，在各地兴办了一批工业园区，集中力量推动基础设施建设，实行优惠政策，创造良好的投资环境，较好地带动了外资引进和外向型经济的发展，对促进体制和技术创新、推动工业现代化建设和经济高速发展起到了重要作用。

1979 年 7 月，深圳蛇口填海建港打响改革开放的"第一炮"，成立了中国第一个对外开放的工业园区——蛇口工业区，它的创立和发展为一年后深圳经济特区的创立起了探路者的作用。1984 年 5 月 4 日，中共中央、国务院以"中发〔1984〕13 号"文批转《沿海部分城市座谈会纪要》，开放天津、大连、上海、广州等 14 个港口城市，提出"有条件的可划定一个有明确地域界限的区域，兴办经济技术开发区"，自此我国的开发区建设发展之路全面开启。40 余年来，我国各类型开发区数量迅速增长，2018 年 2 月 26 日，国家发展改革委、科技部、国土资源部、住房和城乡建设部、商务部、海关总署六部委发布《中国开发区审核公告目录》（2018 年版）（以下简称《目录》），显示全国经国务院备案的开发区共有 2 543 家，其中国家级开发区 552 家，省级开发区 1 991 家。根据梳理，《目录》中涉及工业生产或主体功能含工业行业的开发区共 2 488 家，其中国家级开发区 504 家，省级开发区 1 984 家。

（1）长江经济带

以《目录》为统计范围可得，长江经济带共有工业园区 1 098 家，其中国家级工业园区 233 家，省级工业园区 865 家。

（2）其他区域

以《目录》为统计范围，相关统计数据如下（图 1-1）。

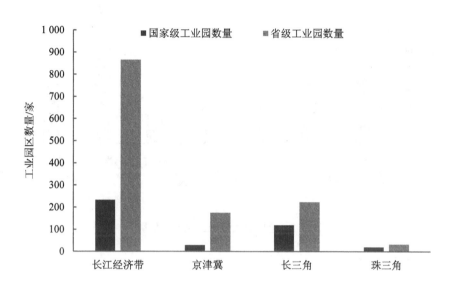

图 1-1　全国各区域工业园区数量

①京津冀

京津冀地区共有工业园区 203 家，包括北京 18 家、天津 32 家、河北 153 家，其中国家级工业园区 28 家，省级工业园区 175 家。

②珠三角

珠三角地区共有工业园区 53 家，包括广州 12 家、深圳 1 家、珠海 6 家、佛山 7 家、惠州 8 家、东莞 3 家、中山 2 家、江门 7 家、肇庆 7 家，其中国家级工业园区 20 家，省级工业园区 33 家。

③七大流域

海河流域共有工业园区 710 家，淮河流域共有工业园区 702 家，黄河流域共有工业园区 710 家，辽河流域共有工业园区 377 家，松花江流域共有工业园区 314 家，长江流域共有工业园区 1 670 家，珠江流域共有工业园区 644 家（图 1-2）。

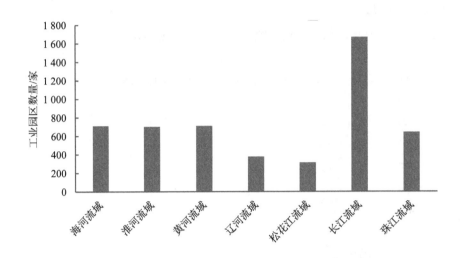

图 1-2　全国七大流域工业园区数量

2. 审批管理制度

我国工业园区目前没有明确的学术概念,一般在政策文件中将政府设立并由专门机构管理开发,享受特殊政策的产业功能区统称为开发区。国务院于 1993 年印发《国务院关于严格审批和认真清理各类开发区的通知》（国发〔1993〕33号）和 2017 年印发《国务院办公厅关于促进开发区改革和创新发展的若干意见》（国办发〔2017〕7 号），明确提出设立各类开发区实行国务院和省（区、市）人民政府两级审批制度。国家级开发区的设立、升级、扩区,由省（区、市）人民政府向国务院提出申请,由科技部、商务部、海关总署等会同有关部门共同研究、通盘考虑,提出审核意见报国务院审批。省级开发区的设立、扩区、调区,由所在地人民政府提出申请,报省（区、市）人民政府审批,并报国务院备案。省级以下人民政府或其他机构设立的工业园区不在国家规范化管理和备案范围。

国家级开发区主要包含国家级经济技术开发区、高新技术产业开发区、海关特殊监管区域、综合保税区、边境/跨境经济合作区、国家级旅游度假区等;省级开发区没有统一的命名规范,一般包含经济开发区、高新技术产业园区、综合保税区、各类工业新区域或工业园区等。我国各级生态环境主管部门一般将上述各类开发区中涉及工业生产的区域纳入工业园区（工业集聚区）环境管理范畴。

（二）工业园区污水集中处理设施建设情况

建设污水集中处理设施并配套安装在线监控设备是工业园区水污染防治的关键。工业废水经企业预处理后排入污水集中处理设施，处理达标后排入自然界，是发达国家常用的、切实可行的工业废水的处理模式。《水污染防治法》以及"水十条"均明确提出，工业园区应配套建设污水集中处理设施并安装在线监控设备。

据统计，"水十条"自实施以来，已推动超过 1 000 家省级及以上工业园区建成污水集中处理设施，截至 2020 年年底，全国 2 400 余个应当建成污水集中处理设施的省级及以上工业园区已全部按规定建成污水集中处理设施。

（三）工业园区污水集中处理设施的类型

工业园区应根据规划环评要求配套建设污水集中处理设施，主要有三种类型：一是建设工业园区独立的工业污水集中处理设施；二是依托工业园区周边城镇污水处理厂处理工业污水；三是依托工业园内大型企业污水处理设施集中收集处理工业园区工业废水。此外，对于入驻企业较少、主要产生生活污水、工业污水中不含有毒有害物质的工业园区，园污水可就近依托城镇污水处理厂进行处理；对工业污水排放量较小的工业园区，可依托园区的企业治污设施处理后达标排放，或由园区管理机构按照"三同时"（污染治理设施与生产设施同步规划、同步建设、同步投运）原则，分期建设、分组运行园区污水处理设施。

二、工业园区水环境管理政策要求

（一）强化工业园区污水集中处理设施建设

2015 年 4 月国务院印发的"水十条"规定："集中治理工业集聚区水污染。强化经济技术开发区、高新技术产业开发区、出口加工区等工业集聚区污染治理。集聚区内工业废水必须经预处理达到集中处理要求，方可进入污水集中处理设施。

新建、升级工业集聚区应同步规划、建设污水、垃圾集中处理等污染治理设施。2017 年年底前，工业集聚区应按规定建成污水集中处理设施，并安装自动在线监控装置，京津冀、长三角、珠三角等区域提前一年完成；逾期未完成的，一律暂停审批和核准其增加水污染物排放的建设项目，并依照有关规定撤销其园区资格。"

2017 年修订的《水污染防治法》第四十五条规定："排放工业废水的企业应当采取有效措施，收集和处理产生的全部废水，防止污染环境。含有毒有害水污染物的工业废水应当分类收集和处理，不得稀释排放。工业集聚区应当配套建设相应的污水集中处理设施，安装自动监测设备，与环境保护主管部门的监控设备联网，并保证监测设备正常运行。向污水集中处理设施排放工业废水的，应当按照国家有关规定进行预处理，达到集中处理设施处理工艺要求后方可排放。"

2017 年工业和信息化部等五部委联合印发的《关于加强长江经济带工业绿色发展的指导意见》规定："严格沿江工业园区项目环境准入，完善园区水处理基础设施建设，强化环境监管体系和环境风险管控，加强安全生产基础能力和防灾减灾能力建设。开展现有化工园区的清理整顿，加大对造纸、电镀、食品、印染等涉水类园区循环化改造力度，对不符合规范要求的园区实施改造提升或依法退出，实现园区绿色循环低碳发展。""重点推进沿江干支流及太湖、巢湖、洞庭湖、鄱阳湖周边'十小'企业取缔、'十大'重点行业专项整治、工业集聚区污水管网收集体系和集中处理设施建设并安装自动在线监控装置。"

（二）提升工业园区污水收集处理效能

2018 年中共中央、国务院印发的《中共中央　国务院关于全面加强生态环境保护　坚决打好污染防治攻坚战的意见》规定："严格控制重点流域、重点区域环境风险项目。对国家级新区、工业园区、高新区等进行集中整治，限期进行达标改造。加快城市建成区、重点流域的重污染企业和危险化学品企业搬迁改造。实施工业污染源全面达标排放计划。""2018 年年底前，重点排污单位全部安装自动在线监控设备并同生态环境主管部门联网，依法公开排污信息。"

2019 年生态环境部和国家发展改革委联合印发的《长江保护修复攻坚战行动计划》规定："长江干流及主要支流岸线 1 公里范围内不准新增化工园区，依法淘汰取缔违法违规工业园区。""新建工业企业原则上都应在工业园区内建设并符合相关规划和园区定位，现有重污染行业企业要限期搬入产业对口园区。工业园区应按规定建成污水集中处理设施并稳定达标运行，禁止偷排漏排。加大现有工业园区整治力度，完善污染治理设施，实施雨污分流改造。组织评估依托城镇生活污水处理设施处理园区工业废水对出水的影响，导致出水不能稳定达标的，要限期退出城镇污水处理设施并另行专门处理。依法整治园区内不符合产业政策、严重污染环境的生产项目。2020年年底前，国家级开发区中的工业园区（产业园区）完成集中整治和达标改造。"涉及磷化工的园区，重点排查企业和园区的初期雨水、含磷农药母液收集处理以及磷酸生产环节磷回收等情况。

2019年住房和城乡建设部、生态环境部、国家发展改革委印发的《城镇污水处理提质增效三年行动方案（2019—2021年）》规定："加快推进生活污水收集处理设施改造和建设。""新区污水管网规划建设应当与城市开发同步推进，除干旱地区外均实行雨污分流。明确城中村、老旧城区、城乡结合部污水管网建设路由、用地和处理设施建设规模，加快设施建设，消除管网空白区。""实施管网混错接改造、管网更新、破损修复改造等工程，实施清污分流，全面提升现有设施效能。城市污水处理厂进水生化需氧量（BOD）浓度低于100 mg/L的，要围绕服务片区管网制定'一厂一策'系统化整治方案，明确整治目标和措施。推进污泥处理处置及污水再生利用设施建设。人口少、相对分散或市政管网未覆盖的地区，因地制宜建设分散污水处理设施。"

2020年中共中央办公厅、国务院办公厅印发的《关于全面加强危险化学品安全生产工作的意见》规定："按照《化工园区安全风险排查治理导则（试行）》和《危险化学品企业安全风险隐患排查治理导则》等相关制度规范，全面开展安全风险排查和隐患治理。严格落实地方党委和政府领导责任，结合实际细化排查标准，对危险化学品企业、化工园区或化工集中区（以下简称化工园区），组织实施精准化安全风险排查评估，分类建立完善安全风险数据库和信息管理系统，区分'红、橙、黄、蓝'四级安全风险，突出一、二级重大危险源和有毒有害、易燃易爆化工企业，按照'一企一策'、'一园一策'原则，实施最严格的治理整顿。制订实施方案，深入组织开展危险化学品安全三年提升行动。"

2020 年国家发展改革委、住房和城乡建设部印发的《城镇生活污水处理设施补短板强弱项实施方案》规定："将城镇污水收集管网建设作为补短板的重中之重。新建污水集中处理设施，必须合理规划建设服务片区污水收集管网，确保污水收集能力。""结合老旧小区和市政道路改造，推动支线管网和出户管的连接建设，补上'毛细血管'，实施混错接、漏接、老旧破损管网更新修复，提升污水收集效能。现有进水生化需氧量浓度低于 100 mg/L 的城市污水处理厂，要围绕服务片区管网开展'一厂一策'系统化整治。除干旱地区外，所有新建管网应雨污分流。长江流域及以南地区城市，因地制宜采取溢流口改造、截流井改造、破损修补、管材更换、增设调蓄设施、雨污分流改造等工程措施，对现有雨污合流管网开展改造，降低合流制管网溢流污染。积极推进建制镇污水收集管网建设。提升管网建设质量，加快淘汰砖砌井，推行混凝土现浇或成品检查井，优先采用球墨铸铁管、承插橡胶圈接口钢筋混凝土管等管材。"

2021 年中共中央、国务院印发的《关于深入打好污染防治攻坚战的意见》规定："持续打好长江保护修复攻坚战。推动长江全流域按单元精细化分区管控。狠抓突出生态环境问题整改，扎实推进城镇污水垃圾处理和工业、农业面源、船舶、尾矿库等污染治理工程。加强渝湘黔交界武陵山区'锰三角'污染综合整治。持续开展工业园区污染治理、'三磷'行业整治等专项行动。""开展涉危险废物涉重金属企业、化工园区等重点领域环境风险调查评估，完成重点河流突发水污染事件'一河一策一图'全覆盖。开展涉铊企业排查整治行动。"

2021 年中共中央、国务院印发的《黄河流域生态保护和高质量发展规划纲要》规定："严禁在黄河干流及主要支流临岸一定范围内新建'两高一资'项目及相关产业园区。开展黄河干支流入河排污口专项整治行动，加快构建覆盖所有排污口的在线监测系统，规范入河排污口设置审核。严格落实排污许可制度，沿黄所有固定排污源要依法按证排污。沿黄工业园区全部建成污水集中处理设施并稳定达标排放，严控工业废水未经处理或未有效处理直接排入城镇污水处理系统，严厉打击向河湖、沙漠、湿地等偷排、直排行为。"

2021 年住房和城乡建设部等部委联合印发的《关于加强城市节水工作的指导意见》规定："狠抓城市供水管网漏损控制。因地制宜明确管网漏损治理工程实施方案，加快实施智能化改造、管网更新改造和管网分区计量等供水管网漏损治理工程。指导各地摸清供水管网等设施底数，有条件的地方要建立基于各种传感器和物联网的智能化管理系统，监测和精准识别管网漏损点位。结合实施城市更新行动、老旧小区改造、二次供水设施改造等，对超过合理使用年限、材质落后或受损失修的供水管网进行更新改造，采用先进适用、质量可靠的供水管网管材和柔性接口。"

（三）加强工业园区水污染防治规范化管理

2018 年生态环境部印发《排污许可证申请与核发技术规范　水处理（试行）》，将污水处理设施按性质分为城镇污水处理厂、其他生活污水处理厂、工业废水集中处理厂三类。要求污水处理厂接纳工业废水需填报纳管协议及纳管单位排污许可证信息，对排污单位进水总管水量、COD、氨氮实行在线监测并与地方生态环境主管部门联网，进水的总磷、总氮按日实施手工监测。严格限制含有毒有害污染物和重金属的工业废水进入城镇污水处理厂，对接纳含有毒有害污染物和重金属的工业废水的城镇污水处理厂，每一股工业废水都应满足其行业污染物排放标准后方可与生活污水进行混合处理。

2018 年生态环境部印发《关于加强固定污染源氮磷污染防治的通知》，氮磷排放重点行业的重点排污单位（含工业集聚区污水集中处理设施），应按照《关于加快重点行业重点地区的重点排污单位自动监控工作的通知》(环办环监〔2017〕61 号）要求，于 2018 年 6 月底前安装含总氮和（或）总磷指标的自动在线监控设备并与环境保护主管部门联网。要求相关工矿企业、污水集中处理设施优化升级生产治理设施，强化运行管理，提高脱氮除磷能力和效率。

2020 年《中华人民共和国长江保护法》规定："长江流域产业结构和布局应当与长江流域生态系统和资源环境承载能力相适应。禁止在长江流域重点生态功能区布局对生态系统有严重影响的产业。禁止重污染企业和项目向长江中上游转移。""禁止在长江干支流岸线一公里范围内新建、扩建化工园区和化工项目。禁止在长江干流岸线三公里范围内和重要支流岸线一公里范围内新建、改建、扩建尾矿库；但是以提升安全、生态环境保护水平为目的的改建除外。"

2020 年生态环境部印发的《关于进一步规范城镇（园区）污水处理环境管理的通知》规定："督促市、县级地方人民政府或园区管理机构因地制宜建设园区污水处理设施。对入驻企业较少，主要产生生活污水，工业污水中不含有毒有害物质的园区，园区污水可就近依托城镇污水处理厂进行处理；对工业污水排放量较小的园区，可依托园区的企业治污设施处理后达标排放，或由园区管理机构按照'三同时'（污染治理设施与生产设施同步规划、同步建设、同步投运）原则，分期建设、分组运行园区污水处理设施。""在责任明晰的基础上，运营单位和纳管企业可以对工业污水协商确定纳管浓度，报送生态环境部门并依法载入排污许可证后，作为监督管理依据。""对于污水处理厂出水超标，违法行为轻微并及时纠正，没有造成危害后果的，可以不予行政处罚；对由行业主管部门，或生态环境部门，或行业主管部门会同生态环境部门认定运营单位确因进水超出设计规定或实际处理能力导致出水超标的情形，主动报告且主动消除或者减轻环境违法行为危害后果的，依法从轻或减轻行政处罚。"

三、工业园区水环境管理问题分析

不同类别企业在园区内集中，在促进地区经济蓬勃发展的同时也带来了水环境风险的隐患。鉴于工业园区产业结构的复杂性，其排放废水多具有水量大且波动剧烈，污染物浓度高、种类繁杂，高环境风险物质含量偏高，含盐量高等水质特点，进而导致工业园区水污染防治工作面临严峻挑战。"水十条"的实施显著推进工业园区内企业层面和园区层面废水收集和处理的基础设施建设，使废水中污染物明显削减。然而，受工业园区产业布局的系统设计、园区内涉水基础设施完善程度、园区水系统运行管理水平等多因素影响，工业园区水污染防治工作仍面临多个亟待解决的问题。

（一）工业园区水环境管理需进一步加强部门协同

工业园区水污染防治涉及企业废水预处理、管网输送、污水集中处理等多个环节，涉及多环节、多部门权责交叉。其中园区污水管网由市政部门建设和运行管理，企业纳管由市政部门审批管理，污水集中处理厂排放口和企业预处理设施排放口由生态环境主管部门监管。各管理部门之间协调机制不健全，易产生监管疏漏。

首先，一些地区城镇排水主管部门和生态环境主管部门分别负责企业纳管审批和企业排污监管，两部门之间信息不畅通，缺乏合作机制，增大了监管难度；其次，污水管网维护主体不明确，管网破损造成的污水漏排问题难以问责。

（二）工业园区企业废水中污染物特征底数不清

工业园区聚集不同类型企业，排放废水中污染物差异性较大，即使是生产同类型产品，不同企业采用不同生产工艺及设备、原料辅料、工艺控制参数，其排放废水的水质也不尽相同，尤其体现在特征污染物种类及浓度方面。我国大多数工业园区管理部门未建立水环境管理底账，对辖区企业污水预处理情况、污水集中处理厂运行状况、管网维护情况等不能全面掌握，更不了解相关涉水企业的污染物种类、排放量、排放去向、执行的纳管排放标准、污水集中处理设施处理工艺与废水类型的匹配性等关键信息，出现污染物超标排放问题难以准确溯源。

（三）依托城镇污水处理厂处理工业废水存在较大环境风险

多年来，我国城镇污水处理厂已形成了一套固定的工艺路线，设计建设以格栅、沉砂池、生化池、混凝沉淀等处理单元为主。而工业园区中行业类型较多，废水性质差异较大，特征污染物浓度较高，如印染纺织类园区工业废水可生化性较差、色度高，化工行业废水氮磷浓度高、毒性大，冶金电镀类园区废水富含重金属、氰化物，食品加工类园区废水有机物浓度高、含油量大、悬浮物多等。这类废水需要专门的吸附、过滤、高级氧化、混凝等物化方法与生物厌氧、好氧相组合的工艺才能实现有效处理，如排入一般城镇污水处理厂，极易对其生化系统造成冲击或特征污染物穿厂而过，导致超标排放。此外，一般城镇污水处理厂未配备专用的缓冲池/应急事故池级及相应的监测设施，应对工业废水水质水量变化带来的冲击能力较弱。

（四）工业园区污水处理设施建设不健全、不完善

一是工业园区水质特征与污水集中处理设施不匹配。一些园区自建工业污水集中处理设施时未科学评估污水水质，设计工艺存在"不对症"问题。污水处理设施

运行后，面对污染物结构复杂、水质水量波动频繁的工业废水，出现处理效率低、运行稳定性差、污泥易流失等问题，导致尾水经常超标排放。污水处理设施只能依靠不断升级改造或高剂量投加药剂等形式维持运行，不仅增加了运营成本，还对周边环境造成了污染。

二是管网建设滞后于污水集中处理设施建设或污水处理设施规模与实际水量不符。一些工业园区虽建成污水集中处理设施，但管网建设滞后或覆盖不全，企业污水、废水未做到应纳尽纳，导致集中处理设施"晒太阳"。另一些工业园区规划建设污水集中处理设施规模偏大，而实际水量远远不足，出现"大马拉小车"现象，导致污水处理设施长期不能运行，污水超标排入环境。

三是污水集中处理设施事故应急系统不完善。一些工业园区集中污水处理设施未设计建设应急调节池和事故池，在系统运行异常或进水超标时缺乏应急手段，只能被动采用停止进水的方式进行恢复，进而影响园区内企业的正常生产。

（五）工业园区环境管理技术支撑不足

工业园区环境问题复杂，专业性强，很多地方未树立环境保护责任意识，重经济，轻环保。调研中发现，绝大多数省级工业园区均未配备独立的生态环境部门和专职的环境管理人员，开展日常工作时缺乏环境保护意识和技术支撑，这也成为园区环境污染事件频发的重要原因。

四、工业园区水环境管理建议

（一）健全多方协同的园区环境管理机制

各省（区、市）应厘清当地生态环境主管部门、园区管委会和园区环境监管部门等部门之间的责任，明确合作机制，完善信息共享机制。工业园区的环境管理应该以排污许可证为核心，构建生态环境主管部门、城镇排水主管部门、园区管理部门、污水集中处理厂运营方、园区内企业之间相互制约、相互监督、互联互通的一体化管理机制。

企业预处理废水的纳管审批和预处理排水监管可以考虑由园区管委会统一负责。园区管委会统一审批和监管可以避免多部门间信息不畅导致的监管疏漏问题。在监管过程中，园区管委会应将监测的排污数据和超标情况等信息同步提供给当地生态环境主管部门，接受其监督管理。

（二）开展生产工艺排污节点的污染物特性摸底排查，完善"一园一档"

由园区管委会组织完善水环境管理"一园一档"，充分摸清园区水污染排放清单、环保基础设施运行、污染物去向等关键的环境管理信息，开展档案信息化建设。同时推进污水处理设施处理效能评估、涉水外排管道在线监控系统完整性评估、事故水和超标水应急存储能力和处置方式适用性评估等工作，并通过物料平衡分析和现场实测，核算企业用水排水量和水质特性，识别需严控的特征污染物，构建园区企业端排污基础数据库。

（三）加强依托城镇污水处理厂处理效果的评估

建议针对化工、电镀、医药等重点行业及其细分领域的工业园区，加强依托城镇污水处理厂处理工业废水效果的评估，避免污染物稀释排放和穿透排放，存在较大问题的，指导园区建设能够达标排放的工业污水集中处理设施。重点企业的废水应重点监控排放去向，排入具备处理能力的污水集中处理设施，非重点企业的废水如其成分简单、处理难度低，可继续依托城镇污水处理厂。此外，还应加强对城镇污水处理厂接收的工业污水、废水水质的监管，必要的可在进水口安装相关在线监控设备。

（四）制订园区特征污染物控制和减排技术策略（"一园一策"）

针对长期超标排放的园区，可委托专业机构研究制订"园区特征污染物控制和减排"的技术策略（或方案等），包括特征污染物的清单、检测方法、检测标准、国外控制情况及排放标准调研、适用技术清单、典型案例等。深入研究影响园区污水集中处理设施稳定运行的主要因素，以强化企业预处理效率、合理提升污水碳氮比例、确保尾水稳定达标排放为导向，提出切实可行的升级改造建议，并结合经济指标从园区整体角度论证工业废水收集处理优化管控策略。

（五）探索采用"一企一管"模式化解园区废水转运风险

对于生产工段较多，污染物类型复杂的企业，应采用分类收集、分质预处理的形式，并强化事故池建设，以加强对废水中污染物的有效削减和事故风险预防。有条件的园区可采用"一企一管"方式，明管收集输送工业废水，并在企业雨水、污水排口和部分车间排口有针对性地安装在线监控系统。

污水集中处理设施也应避免污水"大锅烩"，可根据各企业废水特点，建立分质收集、调节、应急缓冲系统，并加强各工段水质监控，以提高抗冲击和应急能力，确保污水处理后达标排放，保障园区排污受纳水体水环境安全。

（六）构建园区水环境管理大数据管理平台

加强园区水环境管理信息化建设，一是构建具备企业排污基础数据查询、特征污染物清单查询、运行风险预警、污染事故溯源等功能的工业园区水污染防治监管数据平台；二是构建包括园区环保管家库、工业水污染防治适用技术及设备库、工业污水治理企业库、园区工业水污染治理典型案例库等在内的工业园区水污染防治信息平台；三是构建具有技术论证、经济评估、环保企业及相关工艺设备准入考核、园区管理人员培训、高效低耗工业废水处理实用技术研发等功能的工业园区水污染防治智库平台。基于上述基础平台，构建由生态环境主管部门主导的全国工业园区水污染防治大数据管理平台。通过建设大数据管理平台，不同层面科学制订园区水环境管理政策，为服务流域污染防治工作提供必要支撑和科学判据。

第二章
化工园区水环境管理[①]

　　园区化是当前全球石油和化学工业发展的主要趋势之一，是推动我国加快行业转变发展方式的重要载体，在调整产业结构、优化产业布局、发展循环经济、推进清洁生产、实现规模经济等方面具有重要作用。在我国石油和化学工业发展历程中，一直十分重视化工园区的建设，通过建设集中、集聚的产业基地，构建具有规模优势和技术优势的产业链，实现行业的集约发展，提高石油和化学工业竞争力和可持续发展能力。

　　由于发展历程短，缺乏建设经验和标准规范，随着化工产业向园区集中的速度不断加快，长期以来我国石油和化学工业在产业竞争力、安全风险、环境污染等方面存在的诸多问题在化工园区中均有所显现。同时，受不同地区经济发展水平、产业基础、资源与市场条件影响，我国化工园区的发展也存在明显的东西部发展不均衡、新建园区与成熟园区发展水平差距大等问题。

　　随着《关于促进化工园区规范发展的指导意见》（工信部原〔2015〕433号）、《关于推进城镇人口密集区危险化学品生产企业搬迁改造的指导意见》（国办发〔2017〕77号）的印发，各地加快了对化工园区的认定和评价体系建立工作，有

---

① 本章作者：杨铭、费伟良、张晓岚、唐艳冬、马从越。

力地促进了全国化工园区的科学规范发展。同时，随着国家及地方环保政策的加强，以及"水十条"、《大气污染防治行动计划》（以下简称"气十条"）、《土壤污染防治行动计划》（以下简称"土十条"）等文件发布，明确了化工园区的环境监管职责与治理工作重点，有力地促进了化工园区乃至我国石油和化学工业的绿色发展进程。

本章将重点围绕化工园区的认定标准以及园区水环境治理重点进行介绍。

一、我国化工园区水环境管理现状

（一）化工园区的定义与认定工作介绍

《关于促进化工园区规范发展的指导意见》中指出，化工园区包括以石化化工为主导产业的新型工业化产业示范基地、高新技术产业开发区、经济技术开发区、专业化工园区及由各级政府依法设置的化工生产企业集中区。2021 年 4 月，工业和信息化部发布《化工园区认定条件和管理办法（试行）》规定，化工园区是指由地市级以上人民政府批准设立，以发展石化和化工产业为导向、地理边界和管理主体明确、基础设施和管理体系完善的工业园区。通过认定的化工园区，是指经省级人民政府或其授权机构审定，符合管理办法和本地区要求的化工园区。

根据现有化工园区的类型特点，可将其具体分为四类：①以化工为单一主导产业，属于专业化工园区；②在开发区/高新区内设立相对独立的化工园（区），属于开发区/高新区的一个专业功能区；③在开发区/高新区内拥有化工生产企业，但与其他类型企业混杂分布；④简单的化工集中区，其中化工企业较为分散，相互之间没有直接联系，也没有统一集中的公用工程体系，不符合现代化工园区发展概念。

随着各地危险化学品生产企业搬迁改造工作的推进，各省（区、市）也先后颁布了地方化工园区的认定标准与评价办法，下面以山东省、江苏省为例介绍。

1. 山东省化工园区认定工作

作为全国化工第一大省，2016 年山东省拥有化工企业 8 000 家，其中规模以上企业 4 588 家，占全国规模以上企业数量的 15.5%；资产总额为 2.01 万亿元，占全国资产总额的 18.9%；实现主营业务收入 3.04 万亿元、利税 2 544.1 亿元、利润 1 418.7 亿元。主营业务收入和利润总额分别占全国的 23.3% 和 22.0%。其中，石油炼制、专用化学品和橡胶制品 3 个行业主营业务收入分别占全国同行业的 28.0%、25.6% 和 41.3%，居全国同行业首位。山东省炼油产能近 2.1 亿 t（其中地方炼油企业产能达 1.3 亿 t），占全国炼油总产能的 25%；尿素产能 1 285 万 t，占全国产能的 15.7%；子午线轮胎产量 3.8 亿条，占全国总产能的 53%。山东省化工产业规模较大，主要产品门类齐全，已形成一定的区域分工特色，但也存在结构不尽合理、空间布局相对分散、企业创新能力不足、安全环保压力较大和专业化工人才缺乏等问题，尤其是山东地处 "2+26" 京津冀大气污染传输通道地带，安全生产和环境保护的压力持续增加，产业转型升级的压力明显。

2017 年山东省成立了 "化工产业安全生产转型升级专项行动领导小组办公室"，按照工业和信息化部《关于促进化工园区规范发展的指导意见》的主要内容并结合山东省的实际情况，先后制定了《山东省化工园区认定管理办法》《山东省专业化工园区认定管理办法》和《山东省化工重点监控点认定管理办法》（指处于省政府公布的化工园区和专业化工园区之外，符合国家产业政策、技术水平高、规模总量大、税收贡献突出、安全环保措施完善的化工生产企业），3 份文件分别在 2017 年年底和 2018 年年初正式颁布，也同时拉开了对全省化工园区的统一认定工作。山东省最终计划保留 75 个综合化工园区、10 个专业化工园区，以及 200～300 个化工重点监控点。没有列入上述名单的园区 3 年后还可以再次申请，而未能列入其中的化工企业虽然还可以正常生产，但不再允许进行改扩建和新上项目（节能环保、循环化改造项目除外）。

对于化工园区的认定，山东省制定了《山东省化工园区评分标准》，对园区的规划布局、公用基础设施、安全生产、环境保护、经济发展五个方面进行细化赋分，认定园区总评分应在 60 分及以上。同时，山东省还制定了 12 条否决项，如果申报园区有一条无法达到相关否决项的要求就无法获得最终认定，12 条否决项具体如下：

- 建成区连片面积在 5 km² 以上，或者规划连片面积在 8 km² 以上、建成区面积在 3 km² 以上。

- 已编制总体发展规划，并与所在市或县（市、区）规划（主体功能区规划、城乡规划、土地利用规划、生态环境保护规划等）相符，满足生态保护红线、环境质量底线、资源利用上线和环境准入负面清单、山东省渤海和黄海海洋生态红线等相关要求。

- 具有批准时效期内的整体性安全风险评价、环境影响评价和规划水资源论证报告。

- 远离所在城市主城区，不处于主城区主导风向的上风向。

- 园区内企业生产、储存装置与学校、医院、居民集中区等敏感点的距离符合安全、卫生防护等有关要求〔市或县（市、区）政府已编制规划并承诺2020 年 6 月 30 日前完成搬迁的，视为符合条件〕。

- 按照有关规定实行集中供热（不需要供热的特色园区除外）。

- 具备集中统一的污水处理设施。化工园区污水处理出水水质符合《城镇污水处理厂污染物排放标准》（GB 19819—2002）一级 A 标准规定的指标要求及有关地方标准要求。园区入河（入海）排污口的设置应符合相关规定，污水排放不影响受纳及下游水体达到水功能区划确定的水质目标：

- 危险废物安全处置率达到 100%；

- 设有集中的安全、环保监测监控系统；

- 按环评批复要求设有地下水水质监测井并正常运行；

- 当年度没有受环保限批、挂牌督办以及限期整改未完成等事项；

- 根据规划建设的产业情况和主要产品特性，配备符合安全生产要求的消防设施和力量。

经过半年的地方上报、专家评定，2018 年 6 月山东省公布了首批通过认定的化工园区名单，共 31 家，其中综合化工园区 30 家，专业化工园区 1 家。同年 7 月，第二批认定化工园区名单也进行了公示，包括 17 家综合化工园区和 1 家专业化工园区。由于按照山东省的计划，2018 年 6 月底是全省化工园区上报工作的截止时间，因此在上述两批名单正式通过之后，第三批名单也很快进行公示，山东省化工园区的认定工作告一段落，后续工作是对化工园区的规范管理和提质升级改造。

2. 江苏省化工园区综合评价体系情况

作为全国化工第二大省，2016 年江苏省 4 085 家规模以上企业实现主营业务收入 2.1 万亿元，同比增长 10%；行业实现利润总额 1 371.1 亿元，同比增长 18.6%。化工行业主营业务收入约占全国行业总量的 17.5%，居全国第二位，占全省工业总量的比重超过 13%。

2017 年江苏总共排查出全省有化工企业 7 372 家，其中，生产企业 6 884 家，构成重大危险源的危险化学品经营（仓储）企业 169 家，在港区规划范围内危险化学品仓储企业和危险化学品码头 319 家。5 月 11 日，江苏省政府办公厅以苏政传发〔2017〕153 号文正式下达"四个一批"专项行动目标任务。截至 2018 年年底，计划关停 2 077 家（2017 年全省计划关停 1 149 家，实际超额完成了原定计划）；截至 2020 年，分别转移、升级和重组 272 家、696 家及 4 327 家，全省化工企业的入园率要达 50%以上。

江苏省对于化工园区的统一认定工作起步较早，主要由省生态环境厅与经济和信息化委员会来进行共同认定和备案管理，目前全省共有经认定的化工园区54 家。江苏省对全省 54 家化工园区的规范管理将提上议事日程，2018 年初江苏省经信委已发布了《江苏省化工园区规范发展综合评价指标体系》，该"指标体系"从规划布局与经济发展、规范管理、安全生产、环境保护、基础设施与信息化建设五个方面对相关园区进行评价打分，进行最终排队，有可能形成优胜劣汰的管理机制，鼓励各园区加强规范管理的力度，加快提质升级的进程。

（二）全国化工园区分省份情况介绍

根据中国石油和化学工业联合会化工园区工作委员会（以下简称园区委）所做的全国性调研统计，截至 2017 年年底，全国已形成石油和化学工业产值超过1 000 亿元的超大型园区 13 家；产值为 500 亿～1 000 亿元的大型园区 29 家，产值为 100 亿～500 亿元的中型园区 155 家，产值小于 100 亿元的小型园区 404 家。

截至 2021 年 12 月，全国共有 23 个省（区、市）发布了认定的化工园区或化工集中区名单，共有化工园区或化工集中区 534 家，全国经认定的化工园区具体分布情况见表 2-1。

表 2-1　全国经认定的化工园区具体分布情况（截至 2021 年 12 月）

序号	省（区、市）	是否出台化工园区认定管理办法	化工园区（化工集中区）数量/家
1	上海	否	未公示
2	重庆	否	未公示
3	江苏	是	29
4	浙江	是	49
5	安徽	是	38
6	江西	是	26
7	湖北	是	51
8	湖南	是	10
9	四川	是	5
10	贵州	是	7
11	云南	是	5
12	北京	否	未公示
13	天津	是	2
14	黑龙江	否	未公示
15	吉林	是	11
16	辽宁	是	21
17	河北	是	14
18	河南	是	47
19	山东	是	85
20	内蒙古	是	58
21	山西	否	未公示
22	陕西	是	21
23	宁夏	是	10
24	甘肃	是	15
25	广东	否	未公示

序号	省（区、市）	是否出台化工园区认定管理办法	化工园区（化工集中区）数量/家
26	广西	是	11
27	福建	是	9
28	海南	是	3
29	青海	否	未公示
30	西藏	否	未公示
31	新疆	是	未公示
32	新疆生产建设兵团	是	7
	总计		534

（三）化工园区评价体系情况介绍

自 2013 年起，园区委建立了化工园区综合评价体系，以工业区理论、产业集群理论和科学发展观为指导，从综合经济实力、基础配套设施、安全与公众认知、绿色生态化发展、园区创新发展五大方面对化工园区进行综合评价，并据此评选出年度"中国化工园区 20 强"。2018 年，中国化工园区 20 强扩容为 30 强，希望能让更多高质量的园区进入我国最优秀园区的集团中，在创新驱动、智慧管理、绿色发展等方面发挥引领示范作用。具体指标体系见表 2-2。

表 2-2　中国化工园区 30 强评价指标体系介绍

一级指标	二级指标
综合经济实力	工业总产值
	工业增加值
	利润总额
	累计固定资产投资
基础配套设施	道路建设情况
	热电联供
	污水处理
	固废及危废处理

一级指标	二级指标
安全与公众认知	开展责任关怀
	公众认知机制和执行
	安全环保事件
	应急响应中心及消防
绿色生态化发展	单位工业增加值综合能耗
	单位工业增加值新鲜水耗
	单位生产总值化学需氧量（COD）排放量
	单位生产总值二氧化硫（SO_2）排放量
	工业园区重点企业清洁生产审核实施率
	有完整产业规划
	入园项目专家评议，符合产业规划
	园区建有综合利用项目
	推行清洁生产
园区创新发展	智慧园区建设
	高新技术企业数
	支持科技创新发展资金
	国家级研发中心数量
	园区内智能制造试点示范企业

二、城镇人口密集区危险化学品生产企业搬迁入园工作的开展对化工园区未来发展的影响分析

（一）工作进展

2017 年 7 月，《关于推进城镇人口密集区危险化学品生产企业搬迁改造的指导意见》发布，提出到 2025 年，城镇人口密集区现有不符合安全和卫生防护距离要求的危险化学品生产企业就地改造达标、搬迁进入规范化工园区或关闭退出，企业安全和环境风险大幅降低。其中中小型企业和存在重大风险隐患的大型企业 2018 年年底前全部启动搬迁改造，2020 年年底前完成；其他大型企业和特大型企业 2020 年年底前全部启动搬迁改造，2025 年年底前完成。

2018 年 2 月 27 日，工信部办公厅、安监总局办公厅联合印发了《关于成立

推进危险化学品生产企业搬迁改造专项工作组的通知》。专项工作组由工信部和安监总局负责牵头，成员单位由中央维稳办、国家发展改革委、公安部、财政部、人力资源和社会保障部、国土资源部、环境保护部、人民银行、税务总局、银监会、证监会和能源局 12 个部门司局级领导组成。截至 2018 年 8 月 20 日，全国各省（区、市）共有上报搬迁改造企业 1 307 家，其中就地改造企业 323 家，搬迁入园企业 568 家，关闭退出企业 416 家。下一步，各省（区、市）将加紧落实相关化工园区的认定工作，并据此发布相关可承接搬迁企业的化工园区名单。

（二）行业影响

《关于推进城镇人口密集区危险化学品生产企业搬迁改造的指导意见》文件的出台有其特殊背景，首先随着各地社会经济快速发展以及城市面积的不断扩大，以往与城镇人口密集区相隔甚远的化工企业逐渐与居民区形成对接，由于化工企业尤其是危险化学品生产企业的确存在一定的安全环保隐患，甚至部分企业由于环保不达标、异味扰民问题尤其突出，因此百姓对于邻近化工企业搬迁的呼声不断提高。其次，天津"8·12"爆炸发生后，国家进一步重视危险化学品生产企业的搬迁入园工作，要求相关危险化学品生产企业要进入化工园区发展，以加强规范管理和一体化发展。

由于时间紧、任务重，从目前各省（区、市）上报的方案中可以发现，部分方案还不完善，方案中所上报的搬迁改造企业名单更多考虑的是问题突出企业，或按时间节点可完成的情况来制订的方案。因此，随着国家、各省（区、市）对于安全环保工作的执行力度不断加大，不排除出现第二批、第三批搬迁改造企业名单的可能。此外，各省（区、市）也可借助国家政策根据自己的情况，提出相关搬迁改造方案，如湖北省颁布了《湖北省沿江化工企业关改搬转工作方案》，对沿长江 1 km、1～15 km 的化工企业提出了有针对性的搬迁、改造、关闭、转移工作方案。2016 年 12 月，江苏省委、省政府决定在全省部署开展"两减六治三提升"专项行动（苏发〔2016〕47 号、苏政办发〔2017〕30 号），重点任务"两减"之一就是"减少化工落后产能"；2017 年 1 月，江苏省政府又再次作出部署，开展全省化工企业"四个一批"（关停一批、转移一批、升级一批、重组一批）专项行动（苏政办发〔2017〕6 号），这两大行动是江苏省委、省政府加快推进化工行业优化结构、转型发展的重要战略举措。山东省在完成全省化工园区和重点监控点认定工作的同时，对于"散乱污"企业也开始了搬迁改造工作。此外，目前比较敏感的长江经济带所在区域的化工企业今后如何管理问题、京津冀高VOCs 排放企业的管理问题……都有可能引发相关搬迁改造工作的推进或升级。

因此，根据国家提出的淘汰落后产能、实现行业转型升级的发展目标要求，现阶段是我国石油和化工行业一次重新再构的过程，管理规范、产品结构合理、安全环保制度已落实，尤其是已经进入经地方政府认定的规范化工园区的企业，将获得一个长周期的良好外部发展环境，企业效益和竞争能力都将得到前所未有的提升；而产品结构不合理、安全环保隐患大的企业，不仅无法进入规范的化工园区，甚至有可能面临巨大的外部压力而被淘汰。

（三）搬迁入园存在的主要矛盾

1. 现有化工园区尤其是优质园区的承载容量不够

以江苏省为例，江苏是化工园区建设起步比较早的省份，目前经省辖市以上认定的化工园区有 29 家，全省规模以上化工企业有 4 000 多家，有近 40%的企业已经入园，但这 29 家化工园区目前大多已经因为土地指标、环境容量、能耗指标的限制无法再大规模接纳企业的入驻，因此在某些化工大省已经面临入园一票难求的局面。

2. 众多化工园区面临的问题

过去部分化工园区是以招商引资为主要目的建立的，当时所引进的企业，存在产品重复建设、设备比较落后、技术低端、污染较为严重等问题。现在化工园区都意识到这些问题，重新对园区内的企业进行梳理、规范，提高入园标准和门槛，并按现有政策，提高了相应的环保、安全等要求。但中西部的新建园区，目前仍在重复着东部园区发展的老路，为日后园区的发展埋下了隐患。

3. 化工园区配套政策缺失

《关于推进城镇人口密集区危险化学品生产企业搬迁改造的指导意见》明确指

出，要加大财税政策支持、拓宽资金筹措渠道、加大土地政策支持。因为企业搬迁是一个长期过程，其中最主要的问题就是钱从哪来，如何保证企业顺利渡过 2～3 年搬迁期，稳定职工队伍，不能因企业搬迁停产无法持续供应产品而流失客户，同时还涉及转型升级企业的新产品、新技术从哪来，搬迁企业的土地指标、能耗指标、环境容量从哪来等一系列问题，而地方配套政策细则总体难以满足行业需求。

三、化工园区水环境污染特征与重点监控对象

化工园区排放的废水属于高 COD、高氨氮、高盐分和难降解废水，有机负荷高，可生化降解性差，多数含有各种毒性物质，是工业废水处理中的难点，同时还具有污染物种类复杂多变、盐分高、冲击负荷强等各种不利因素，较难实现有效处理。此外，一些化工园区的污水、废水处理与管理模式仍然沿袭市政污水的治理思路，在废水处理工艺、接管标准以及管理模式等方面并未考虑化工园区的废水特征，因此处理效果不佳。而国家制定的排放标准日益严格，也为化工园区水污染的有效控制带来更大挑战。

目前，化工园区大多采取"企业预处理+园区污水处理厂集中处理"的治污模式。但事实上化工园区水污染并不单独指企业排放的污水、废水，在化工园区层面，水污染控制应包括企业废水的预处理、园区接管废水的综合处理、园区河道的整治、园区雨水（非点源污染）的控制，园区水污染监测、监控、预警平台的建设和园区水污染管理体系的建设等内容。在企业层面，水污染控制的要素应包括生产线排污、废气处理、废水等其他排污，企业清污雨污分流，废水预处理站等。而园区的水污染控制要素除了重点的污水处理厂，还应包括园区的雨污管网、园区河道和园区的非点源污染等，任何一个环节出问题都可能影响污水处理厂的达标。由此可知，化工园区的水污染控制并不能完全将重心放在园区污水处理厂上，必须将工业园区的水污染控制视为一个复杂的系统工程，在有效提高治理技术针对性的基础上，提升废水处理和系统管控层面的协同效应，如此才能实现污水处理厂的稳定达标排放。

（一）化工园区（化工行业）废水污染物的主要特征情况介绍

工业废水是指在工业生产过程中所产生的废水或废液，其中含有随水流失的生产用原料、产物、副产物和废物等，也包括所排放的循环冷却水和工业场地清扫废水等。按照废水的来源与受污染程度，化工园区废水可分为工业废水、生活污水和地表径流（雨水）。

1. 工业废水

指在工业生产过程中产生的废水和废液。按产生环节可分为工艺废水、冷却水和洗涤废水。不同行业的工艺废水的污染因子有所不同。例如，氮肥工业的工艺废水含有氨氮、氰化物、挥发酚、油、SS 等；印染工业工艺废水的主要污染物是 COD、pH 和色度等；柠檬酸工业的工艺废水含有大量的 COD、BOD 等。有些行业在生产过程中使用了有毒有害化学品，工艺废水中还含有较高浓度的有毒有害物质。

● 工艺废水：在生产过程中排放的主要废水，通常受到较严重的污染，是工业废水的主要污染源，需进行处理。

● 冷却水：来源于去除反应热或冷却器、泵、压缩机轴的冷却。冷却水在工业废水中占的比例最大，一般情况下比较清洁，只有热污染，通常企业将其进行厂内循环，但冷却水循环系统产生的浓缩废水受盐类和缓蚀剂的污染严重，通常需要进行处理。

● 洗涤废水：来源于原材料、产品与生产场地的冲洗。此类废水的水量仅次于冷却水，通常有一定程度污染，处理后或许可以循环利用，洗涤废水通常与工艺废水有相同的污染物，但浓度较低。

2. 生活污水

生活污水主要来源于园区内的企业、政府等机构。生活污水水质与城市污水差别不大，可直接排入城市污水管网，或与厂内有机工业废水合并处理，污染物主要为 COD、氮、磷等。

3．地表径流（雨水）

某些化工企业（如炼油工业、化学工业等）所在地的地表径流含有与工业废水一样的污染物，需考虑进行处理（如初期雨水），一般的雨水主要污染物为 COD、SS、氮、磷、金属、油类，受工艺过程污染的雨水含有与工艺废水相同的污染物。

（二）化工企业废水的收集与传输

随着环保要求的不断提高，一方面，化工废水排放不仅要实现常规污染物指标达标，特征污染物指标达标要求也逐步摆上了议事日程。《污水综合排放标准》（GB 8978—1996）、《农药制造工业大气污染物排放标准》（GB 39727—2020）、《制药工业大气污染物排放标准》（GB 37823—2019）等已包含了不少特征污染物指标。对于现行排放标准中未包含的特征污染物，部分地方生态环境主管部门也对此提出了明确要求，如江苏省要求污水处理厂对特征污染物的去除率必须超过 90%。另外，化工企业清下水（包含雨水）的排放标准也很严。江苏省要求清下水 COD 排放标准小于 40 mg/L，严于 GB 8978—1996 中的（100 mg/L）和《化学工业主要水污染物排放标准》（DB 32/939—2006）中的（80 mg/L）。

要确保废水和清下水稳定达标排放，切实做好废水分类收集、分质处理和清污分流是企业的必然选择。但如何有效地开展废水分类收集、分质处理和清污分流工作，是摆在众多化工企业面前的一个紧迫而又现实的难题。根据相关化工园区实际管理经验，本书就此进行一些探索供探讨。

1．强化车间源头分类收集

考虑废水分质处理的要求，首先要进行分类收集以便后续处理。企业车间应建设高浓度废水、高盐分废水、低浓度废水和清下水（包含间接冷却水和蒸汽冷凝水）4 种收集池。高浓度废水、高盐分废水和清下水需用管道从设备出口输送到各自的容纳池，互不干扰，管道采用不同颜色加以区分。低浓度废水池接纳设备、车间清洁水和车间周围的初期雨水，收集池安装液位自动控制泵，便于随时将废水输送到废水处理站，池体大小以 24 h 的接纳量为宜，同时做好防腐工作。如工艺废水量较小，也可采用容量为 1 t 的桶直接将工艺废水输送到污水处理厂。

2．管网建设

输送高盐、高浓度和低浓度废水的管网至污水处理厂管网全部采用管架明管分类输送。一是便于分质处理；二是确保不污染清下水；三是便于随时检查；四是便于厂内考核。目前，部分地区明确要求化工企业污水实行明管输送、一企一管、安装在线监测设施，在实际操作中部分园区根据其实际情况。例如，有些企业距离污水处理厂路途较远、有些企业的废水产生量较小，如果全部都要单独建立输送管道则投入较大，因此有些园区采取分区建立集水池的办法，将废水成分相近企业的污水实行分时段收集检测的办法，先进入集水池，而后经检测达到接管要求的情况下再泵入相应污水管道。集水池既可以由一家企业使用，也可以由多家水质类似企业共用；既满足了地方生态环境部门的接管要求，也解决了部分水量小的中小企业的排放问题。

3．清下水收集

从清洁生产和减少污染物总量排放的角度出发，一方面要求间接冷却水全循环使用（不得随时稀释排放，可定期经监测后集中更换）、蒸汽冷凝水综合利用，不少化工园区从环境管理出发，要求企业非雨时段清下水不得外排；另一方面清下水排放要求较高，COD 要小于 40 mg/L。这两个方面对清污分流提出了很高的要求，因此清下水收集应从这两个方面进行改造和完善。

①间接冷却水和蒸汽冷凝水的收集。为防止污染，设备排放的间接冷却水和蒸汽冷凝水必须采用密闭的明管收集，不得采用明沟，以防与污水交叉，然后通过明管输送到中间水池或直接输送至企业冷却循环池。这是保障冷却水长期循环利用的根本。

②初期雨水收集。跑、冒、滴、漏与车间管理密切相关，直接关系到初期雨水的污染物浓度，从环评审批到重点环境风险企业环境安全达标建设工作均将初期雨水的回收处理建设作为考核指标之一。但在实际运行中大多数企业的雨水不能做到稳定达标排放，需要进一步加强管理。

（三）园区河道水环境的污染风险分析

河道是一座城市的"血脉"，也是城市重要的景观，对化工园区而言同样是对外展示园区环境状况的重要景观，同时园区内的河道往往还具有一定的实用意义。首先，园区内的雨水往往会首先排入河道，甚至某些园区的污水经过处理达标后也是经区内河道再流出园区，同时我们在对化工园区提出建立环境保护多级防控机制时，河道还是环境事故应急处理水的临时储存池，因此河道往往也是园区的最后一道水体的集中地。因此，做好相关河道的水质监控与管理是保障化工园区水环境质量的最后一道闸门。为此，我们提出要加强化工园区河道水环境的监控与污染防治工作，具体提出以下建议：

①河道流出园区处要建立相应闭合式闸门，在发生河道水质出现异常或园区应急事故水进入河道的情况下，可以第一时间关闭闸门，将事故水锁在园区内。

②必要时对河道进行防渗处理，有些化工园区提出建立四级防控体系（装置区、厂区、园区分别建立事故应急池，以接纳因突发事件产生的污染水体，在上述三级事故应急池装满的情况下，利用园区内河道建立第四级防控系统），因此就需要事先对园区河道进行相应的防渗处理，以保证事故水进入时不会对地下构成污染。

③做好定期监控。园区应建立相应的河道水质监控体系，定期对河道水质进行监控，发现异常时可以紧急关闭闸门，实施处置。

（四）园区雨排口（非点源污染）情况分析与改进重点

在园区加强企业生产工艺废水、循环水收集管理的同时，针对雨水收集和监控则成为化工园区水环境管理的下一个重点。针对化工园区雨水和排口监控出现的问题，我们提出强化二次收集的对策建议。

首先，清下水管网污染最易发生在生产车间、污水处理站和仓储周围。根据监测，多数企业上述构筑物周围初期雨水 COD 的质量浓度高达 $300\sim1\,000$ mg/L，若降雨期间隔时间较长则浓度更高。如对这些区域初期雨水不采取任何措施，任其直接排入雨水管网，仅靠末端初期雨水收集是很难达到排放标准的。如果在初期雨水进入主雨水管网前，就在车间等高危区域周围设置一次收集设施，可以大大减轻末端收集处理的压力。

可在车间周围修建雨水地上明沟，明沟要建在生产区域外且要包纳所有生产设施和辅助设施。修建的明沟一要注意底面坡度，确保不留积存水，以 0.3 m×0.3 m 为宜。二要注重顶面坡度，靠生产区域的一侧是向沟内倾斜，顶面与车间平齐或略低；另一侧则向外倾斜，顶面略高于外侧地面。目的是便于降水时低浓度池能收集更多的车间区域的初期雨水（房顶雨水直接排入主雨水管网）。为减少人为影响，需考虑以下 5 个因素：

①通过液位计与泵的自动连锁控制，确保低浓度池处于低液位（平时有废水流入后及时泵入污水处理站），正常有容量随时接纳初期雨水。

②初期雨水收集池的进口必须低于管网管底 8 cm 以下，确保初期雨水自动流入。

③要考虑低浓度池池体的容量，正常以收集车间或设施旁 10 min 的雨水为计量参数（10 min 后可通过设置泵延时启动或人工控制避免雨期不停提水）。

④在低浓度池和管网之间设置鸭嘴阀门（单向控制），防止废水倒流进入雨水管网。

⑤在车间周边管网流向主雨水沟的管道上设置阀门或闸板，正常处于关闭状态。

在一次收集完成后，打开支沟上的阀门，雨水排入主管网，雨水进入全厂主初期雨水收集池。主管网的截面根据企业面积决定，小企业采用 0.4 m×0.4 m，稍大企业可适当加大宽度，不宜太深。收集池进口依然要低于主管网底面 10 cm 以下，确保初期雨水自动流入。初期雨水收集池需安装液位计，通过液位计与泵的自动连锁控制，确保低浓度池处于低液位（平时有废水流入后及时泵入污水处理站），雨水排口安装电动阀门，以防受人为因素影响使阀门处于常开状态（非雨时段阀门应常闭）。

初期雨水收集池容积必须有保障。初期雨水的收集量应与暴雨重现期和收集面积相匹配，环评一般以化工装置区和储罐区的面积计算收集量，事实上化工企业初期雨水的收集不能仅限于以上区域，还要包含污水处理厂、固体废物堆场、煤场和物料装卸区等涉污地域，若初期雨水的收集仅局限于化工生产装置则不能保证清下水 40 mg/L 的标准要求。因此，一般要求以整个生产区计算初期雨水的回收面积。

初期雨水收集池的容积计量必须以实际能自动流入量计（主要考虑动力提升受人为因素影响较大），而不能以整个池容计量。如某企业按规定初期雨水池体积应为 400 m³，但池体进水口位于池面以下 1.2 m 处，而池高为 2.8 m，则实际能收集的容量仅为 54%。

（五）园区水污染监测、监控、预警平台

对化工园区而言，水污染控制应包括企业废水的预处理、园区接管废水的综合处理、园区河道整治、园区雨水（清下水）的控制等多个层面，因此，需要建立化工园区层面的水污染监测、监控、预警平台，以实现园区的水污染综合管理体系的建设。

例如，在企业废水预处理站排水、园区污水处理厂尾水和生态湿地出水水质三级控制方面，除制定细化的水质排放标准和建设相应的水污染控制设施以外，园区还应建设相应的监管体系。按照规范要求，分指标、分频次建设相应的监测体系。在排水口、上下游建设在线水质监控系统和反馈体系，制定一系列管理制度并实施。

三级控制体系最终集成在园区的综合信息管理平台暨应急指挥中心平台上，经过完善之后的平台以模块化的形式对园区的监管体系进行集成。通过数字地图、物联网、数据库、专家库等技术手段，形成具备完整监控、应急功能的管控平台（在某些已开展"智慧园区"建设的园区，上述平台又成为整个"智慧化工园区"管理平台中的一个独立子系统，也就是我们所说的"智慧环保"系统）。在水污染控制方面，具备园区水环境质量现状监测，企业、污水和河道水质在线监控，水污染预警及溯源等模块。除此之外，大气防控预警、环境风险防控及应急、安全消防控制、信息发布等也有相应的模块集成。

四、化工园区水环境管理对策

（一）完善相关标准体系建设，加强特征污染物监控

化工园区水污染控制技术及其整治模式的核心在于特征有机污染物的控制，

生物毒性也将成为越来越重要的控制指标之一。为此，化工废水排放不仅要实现常规污染物指标达标，特征污染物指标达标要求也将逐步摆上议事日程。同时，不建议以单纯提高 COD、氨氮等综合排放指标的做法来提高出水水质，这样即使企业投入了大量资金也不见得取得很好的处理效果，只有将目前重点监管的污染物指标由常规的 COD、氮、磷转移到特征有机污染物浓度和废水毒性上，才能实现化工园区水污染控制目标的有效达成。目前，有关污水综合排放、农药、医药行业等排放标准已包含不少特征污染物的排放要求。对于现行排放标准中未包含的特征污染物，一些地方生态环境主管部门也逐步提出了要求，如江苏省要求污水处理厂对特征污染物的去除率必须超过 90%，并提出化工企业废水要实行分类收集、分质处理，强化对特征污染物的处理效果，对影响污水处理效果的重金属、高氨氮、高磷、高盐分、高毒害（包括氟化物、氰化物）、高热、高浓度难降解废水应单独配套预处理措施和设施。

（二）分类收集、分质处理、源头管控，有效提升化工园区废水处理质量

确保废水和清下水稳定达标排放，切实做好废水的分类收集、分质处理、清污分流和强化对特征污染物的处理效果是园区搞好废水处理工作的关键，也是入园化工企业实现达标排放的必然选择。这就要求企业要对污染物的产生源头进行有效控制，也就是对生产车间源头的控制可起到事半功倍的作用，仅注重末端收集处理不可能保证达标排放。鼓励企业通过工艺优化、精细化管理、清洁生产等多种措施，减少企业用水总量，提升企业水资源的循环利用水平，减少企业排水总量，逐步淘汰工艺落后、水资源消耗量大、水污染物排放量大的产业项目，从源头削减水污染物排放总量。根据园区的实践，对影响污水处理效果的重金属、高氨氮、高磷、高盐分、高毒害（包括氟化物、氰化物）、高热、高浓度难降解废水可单独配套预处理措施和设施。再如，对含有剧毒物质的废水（如含有一些重金属、高浓度酚、氰废水）应与其他废水分流，以便处理和回收有用物质；而流量较大且污染较轻的废水，可经过适当处理后循环使用。

（三）加强化工园区雨排口管理与清下水收集

针对部分企业通过雨水管网偷排，以及工况场地冲洗废水污染物超标，或突发事故时的消防水进入雨水管网等问题，化工园区应加强对雨排口的管理与清下水收集工作。一方面，在管理上要求企业间接冷却水全循环使用（不得随时稀释排放，可定期经监测后集中更换）、蒸汽冷凝水实现综合利用，非雨时段企业清下水不得有水外排，甚至有些地方还对企业清下水排放要求较高（COD 要小于 40 mg/L），从源头提升企业对清下水管理的重视。另一方面，从建设管理上可要求企业通过在车间周围修建雨水地上明沟的措施加强对地表水的收集，同时对相关收集管网、收集池、阀门和监测设备进行针对性设计，以确保正常雨水的收集和超标水质情况下的及时截流和处置。在具体管理实施过程中，建议：

- 在关键池体安装视频监控，管理人员可随时掌握情况；
- 在低浓度池和初期雨水收集池上安装液位控制器，根据液位曲线的变化管理低浓度池和初期雨水的收集；
- 安装电动雨水阀门，可远程控制操作，避免因人为因素延误阀门开启；
- 在清下水安装在线监测仪；
- 在排污口和清下水安装反控阀门，如发现问题生态环境主管部门可随时强行关闭排污口，清下水排口平时非雨季节关闭，下雨后 15 min 后通过指令打开阀门。

（四）推进化工园区水系环境风险防控体系建设

针对在突发事件情况下化工园区发生的几起重大水环境污染事故，目前大型石化园区已经逐步推广以企业（装置）、园区和周边水系为主建立的多级水系环境风险防控体系，建立完善有效的环境风险防控设施和有效的拦截、降污、导流等措施。为此，建议在硬件方面，要求企业自身要构筑首层防控网，按照相关国家标准和规范要求设计和建设行之有效的围堰、防火堤、事故应急池、雨污切换阀等环境风险防控设施。园区可在集中污水处理厂或利用园区内河道建设事故缓冲池，在事故状态下可储存与调控污水，也可根据园区实际情况，因地制宜建设统一的事故应急池，确保企业事故废水得到有效收集。同时园区还应在雨水总排口和周边水系之间建立可关闭的应急闸门，确保在事故状态下进入雨水管网的事故废水与外环境有效隔离。在软件方面，要加强对园区危险化学品信息库、风险源数据库及水质污染扩散模型的建设，确保在平时能采取针对性的风险防控措施，在事故状态下能对事态的发展、影响进行快速准确的判断、评估，从而采取科学合理的应对措施。

（五）提升水环境监测监控与系统管理能力

总体而言，企业是化工园区环境质量提升的主体并应担负起主要的治理责任，园区管委会则应重点做好园区环境质量的监测、监控、预警平台建设，以及化工园区环境管理体系建设等内容。具体到化工园区的水环境管理监控，可重点概括为"一线两点三面"，"一线"是指输送管线；"两点"是指企业和园区两个层面的水污染控制系统；"三面"是指园区的监测、监控和管理三个方面。我们讲化工园区的水污染控制要素除了重点的污水处理厂，还应包括园区的雨污管网、园区河道和园区的非点源污染等，任何一个环节出现问题都可能影响污水处理厂的水质达标。因此，园区管理机构一方面应针对企业前端工艺优化与清洁生产、废水预处理、输送与监控、集中污水处理厂建设进行系统性优化设计，配套完善管理标准、价费政策和应急响应机制，形成稳定达标、低碳运行和长效管理三位一体的化工园区水污染控制技术体系；另一方面，还要加强末端管控技术能力，例如，在企业雨水排口安装阀门和在线监测系统，在企业无机废水排口安装在线留样系统、国控重点企业安装在线监测系统，经污水处理厂处理完成后，分别在有机、无机和总排口安装在线监测系统等。同时，鼓励有条件的园区，利用新一代信息技术和大数据管理能力，通过数字地图、物联网、数据库、专家库等技术手段，形成具备完整监控、应急功能的信息化管控平台。其中，在水污染控制模块，应具备园区水环境质量现状监测，企业、污水、雨排口与河道水质在线监控，水污染预警及溯源等功能。此外，大气防控预警、环境风险防控及应急、安全消防控制，甚至园区招商引资、项目准入、政务管理、信息发布等都可以整合到信息平台，从而形成化工园区的智能、智慧化管理功能。

（六）强化政策支撑，提升人员的环保意识

出台激励政策，鼓励、引导高校、科研机构及社会力量强化废水处理技术、处理设施设备的开发、研究，进一步提升污染物处理效率，降低污染物处理成本。国家、地方及园区层面形成合力推广新技术和新设备的应用，削减污染物排放总量，减轻园区周边水环境压力。通过数轮化工企业的环境整治，园区和企业已经切实感受到环境保护与企业可持续发展的重要关系，体会到环境保护与企业及自身利益息息相关。环保工作的根本还在于企业自身，要加强企业的源头控制，尤其是基层操作工人的环保意识。因此，要增强企业主人公意识，牢固树立环保意识，做到"我的区域环境保护我负责"，让生态环境保护成为一种习惯和自然。

第三章

电镀园区水环境管理[①]

电镀工业是当代世界三大污染工业之一，由于其通用性强、应用面广，为国内外各行各业服务，几乎所有的工业部门都有一定范围的电镀加工，其中有 30% 的电镀加工在机械制造业，20% 的电镀加工在轻工业，20% 的电镀加工在电子电气工业，其余的电镀加工分布在航空航天及仪器仪表等行业。与此同时，电镀工艺产生的废水、废气、危险固体废弃物一旦进入自然环境，会严重危害生态安全和人体健康。

《水污染防治法》明令禁止诸如砷、铬、铅、汞、镉、氰化物等可溶性剧毒物质向水体排放，另外小规模的印染、电镀、制革、炼油等会对水环境产生严重污染的小产业模式，已不允许建设。《电镀污染物排放标准》（GB 21900—2008）也对电镀行业污染物的控制提出了更高要求。为了顺应新形势下我国电镀行业产业政策，企业要采用更高清洁生产水平的电镀工艺和行之有效的末端污染控制技术。

电镀是一个高污染行业，准入要求更高，排放标准更严，先进的生产工艺技术和高效的污染控制技术在全行业推广应用正当其时，这需要集中度更高的产业

[①] 本章作者：杨铭、费伟良、唐艳冬、张晓岚、胡翔。

空间布局。靠单独一个电镀企业进行污染物减排，成本高且效率低，建设集中化的电镀工业园区可形成规模效益，走可持续发展的道路，如此才能使整个行业欣欣向荣。配备科学、管理完善的电镀集中区具有生产集中成规模化、污染物集中处理的特点，是解决电镀行业污染的必然趋势。

一、电镀园区废水分析

（一）电镀废水的来源及性质

电镀工艺过程一般可以分为镀前处理、电镀、镀后处理三道工序。镀前处理包含机械清理、除油、酸洗、化学浸蚀等工段，目的是得到干净新鲜的金属表面，为最后获得高质量镀层作准备；电镀工段则是使镀液中欲镀金属的阳离子在基体金属表面沉积出，形成镀层；镀后处理目的主要是提高镀层的耐腐蚀性能或者保持镀层原有的特性，主要包括钝化处理和除氢处理。每个工段都会有废水的产生。

1．电镀废水的主要来源

● 各类镀件漂洗废水，约占车间废水排放量的 80%。在清洗镀件表面的附着液时，会将污染物带入水中。

● 镀液过滤用水和废镀液，约占车间废水的 10%，浓度高，污染大。

● 由于设备渗漏、工艺操作管理不善以及工艺流程的安排等原因造成"跑、冒、滴、漏"的各种废水。

● 冲洗废水，冲刷地坪、设备和地板等。

● 化验室的废水以及废水处理过程中的自用水。

电镀生产线上的漂洗工序是电镀废水的主要来源，这是因为镀件每经过一道工序几乎都要清洗，来去除镀件表面的溶液，清洗水中通常含有大量的重金属离子、酸、碱、有机物等污染物。电镀过程的污染物产生过程如图 3-1 所示。

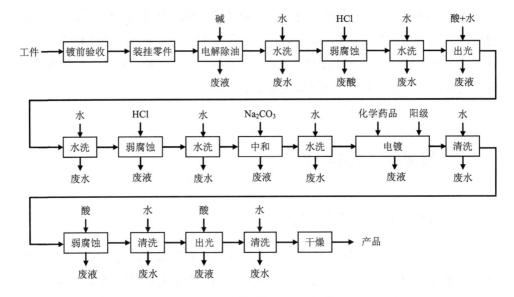

图 3-1　电镀过程产物示意图

2．电镀废水的性质

按照电镀厂污水处理工艺可以将电镀废水分为前处理废水、镀层漂洗废水、镀层后处理废水及电镀废液等，其各自的水质特征如下：

（1）前处理废水是电镀废水处理中的重要组成部分，约占电镀废水总量的50%。其中除油废水常含有油类及乳化剂等有机化合物；酸洗废水则一般酸度都较高，含有重金属离子及少量有机添加剂。总体而言，前处理废水中含有一定的盐分、游离酸、有机化合物等，组分变化很大，随镀种、前处理工艺以及工厂管理水平等的变化而变化。

（2）镀层漂洗废水是电镀作业中重金属污染的主要来源。电镀液的主要成分是金属盐和络合剂，包括各种金属的硫酸盐、氯化物、氟硼酸盐等以及氰化物、氯化铵、氨三乙酸、焦磷酸盐、有机磷酸等。除此之外，为改善镀层性质，往往还在镀液中添加某些有机化合物，如作为整平剂的香豆素、丁炔二醇、硫脲，作为光亮剂的糖精、香草醛、苄叉丙酮、对甲苯磺酰胺、苯磺酸等。因此镀件漂洗废水中除含有重金属离子以外，还含有少量的有机物。漂洗废水的排放量以及重金属离子的种类与浓度随镀件的物理形状、电镀液的配方、漂洗方法以及电镀操作管理水平等诸多因素而变。特别是漂洗工艺对废水中重金属的浓度影响很大，直接影响资源的回收和废水的处理效果。

（3）镀层后处理废水主要包括漂洗之后的钝化、不良镀层的退镀以及其他特殊的表面处理。后处理过程中同样产生大量的重金属废水。一般来说，常含有 Cr^{6+}、Cu^{2+}、Ni^{2+}、Zn^{2+}、Fe^{2+} 等重金属离子；H_2SO_4、HCl、H_3BO_3、H_3PO_4、$NaOH$、Na_2CO_3 等酸碱物质；甘油、氨三乙酸、六次甲基四胺、防染盐、醋酸等有机物质。总的来说，这类镀层后处理废水复杂多变，水量也不稳定，一般都与混合废水或酸碱废水合并处理。

（4）电镀废液。电镀、钝化、退镀等电镀作业中常用的槽液经长期使用后或积累了许多其他的金属离子，或由于某些添加剂的破坏，或某些有效成分比例失调等原因而影响镀层或钝化层的质量。因此许多工厂为控制这些槽液中的杂质在工艺许可的范围内，将槽液废弃一部分，补充新溶液，也有的工厂将这些失效的槽液全部弃去。这些废弃的槽液一般重金属离子浓度都很高，积累的杂质也很多，不仅污染物的种类不同，而且主要污染物的浓度、其他金属杂质离子的浓度以及溶液介质也都有较大的差异。这些差异决定了这些废水处理技术上的多样性和工艺上的特殊性。

（二）电镀废水的危害

电镀废水如果不经过处理就进行排放，会污染饮用水和工业用水，对人类生存和生态环境造成巨大危害。具体危害包括以下 3 个方面。

（1）水中微生物的生存环境会被酸碱废水破坏，水源的酸碱度和水生动植物的生长也会受到影响。

（2）含氰废水毒性很大，在酸性条件下会生成剧毒的氢氰酸。在高浓度时会立即致人死亡。即使浓度很低，也会造成短时间的头疼、心率不齐。氰化物中毒治愈后，还可能发生神经系统后遗症。

（3）重金属离子属于致癌、致畸或致突变的剧毒物质。铬会损害人体皮肤、呼吸系统和内脏；过量的锌会导致周身乏力、头晕，引发急性肠胃炎症状。而误食氯化锌则会引发腹膜炎，造成休克甚至死亡；铜会影响人体造血细胞生长以及某些酶的活动及内分泌腺功能；镍的毒性主要表现在抑制酶系统；镉会引起前列腺癌和骨痛病，还会导致肺癌；长期摄入铅会因其在人体内的蓄积引发慢性中毒。

（三）电镀废水的种类

电镀废水的水质、水量与电镀生产的镀种类别、工艺条件、溶液添加剂种类、生产负荷、操作管理和用水方式等因素有关，不同企业即使同样的一个镀种所产生的电镀废水水质相差也很大，但也有共同点，即都含有大量重金属、酸、碱、高分子有机物等污染物。结合图 3-1 电镀废水水污染物的产生环节，将废水中的主要污染因子可按表 3-1 详细分类。

表 3-1　电镀废水的来源、种类和主要污染物

序号	种类	废水来源	主要污染物及水平
1	除油废水	镀前处理中的除油工序	废碱、乳化剂、油脂皂化液等，废水呈碱性，COD 质量浓度 500 mg/L 左右
2	酸洗废水	镀前处理中的酸洗、活化、浸蚀等工段后的漂洗水	硫酸、盐酸等无机酸类，可溶性盐类，表面活性剂等，铁、铜、锌等金属离子，COD 质量浓度为 30～500 mg/L
3	含氰废水	镀铜、镀镉、镀银、镀合金等氰化镀槽	氰的络合金属离子、游离氰、碱类、表面活性剂等，氰质量浓度在 50 mg/L 以下，pH 为 8～11
4	含铬废水	镀铬、铬酸盐钝化、阳极化处理等	盐酸、硝酸等酸类，六价铬、三价铬、铜等金属离子及表面活性剂等，六价铬质量浓度在 100 mg/L 以下，pH 为 4～6
5	镀镍废水	电镀镍	硫酸银、氯化镁等镁盐，无机酸，光亮剂，表面活性剂等，镍离子质量浓度小于 100 mg/L，pH 约为 6
6	化学镍废水	化学镍	络合态的镍离子、次磷酸盐、亚磷酸盐等盐类表面活性剂有机物
7	含铜废水	酸性镀铜	硫酸铜、硫酸和表面活性剂，铜质量浓度≤100 mg/L，pH 为 2～3
		焦磷酸镀铜	氯化锌、氧化锌、锌的络合物，氨三乙酸和添加剂，光亮剂等。锌质量浓度小于 100 mg/L，pH 为 6～9

序号	种类	废水来源	主要污染物及水平
8	含锌废水	碱性锌酸盐镀锌	氧化锌、氢氧化钠、部分表面活性剂等，锌质量浓度小于 50 mg/L，pH 大于 9
		钾盐镀锌	氧化锌、氯化钾、硼酸、表面活性剂等，锌质量浓度小于 100 mg/L，pH 为 6
		硫酸锌镀锌	硫酸锌、硼酸、硫酸铝和部分表面活性剂等。锌质量浓度小于 100 mg/L，pH 为 6～8
		铵盐镀锌	氯化锌、氧化锌、锌的络合物，氨三乙酸和添加剂，光亮剂等。锌质量浓度小于 100 mg/L，pH 为 6～9
9	含镉废水	合金镀	镉离子、络合物、部分添加剂，镉离子≤50 mg/L
10	含铅废水	合金镀	氟硼酸铅、氟硼酸、氟离子和部分添加剂等，pH 约为 3，铅离子质量浓度约为 150 mg/L，氟离子质量浓度约为 60 mg/L
11	含银废水	氰化镀银、硫代硫酸盐镀银	银离子、游离氰离子、络合物和部分添加剂，pH 为 8～11。银离子质量浓度小于 50 mg/L，总有机根离子质量浓度为 10～50 mg/L
12	磷化废水	磷化处理	磷酸盐、硝酸盐、亚硝酸钠、锌盐等。一般废水中含磷质量浓度小于 100 mg/L，pH 约为 7
13	电镀混合废水	跑、冒、滴、漏废水，地面污水等	成分随镀种不同而不同

（四）典型电镀工艺废水处理特点

镀镍：镍与氰化物会络合成稳定的难降解化合物，因此在废水处理时，含镍废水与含氰废水不能混合必须分开处理。

镀铜：近年来国内应用广泛的镀铜工艺有氰化物镀铜、酸性硫酸盐镀铜、焦磷酸盐镀铜、镀青铜（铜锡合金）等，铜及其合金电镀的废水处理要求如表 3-2 所示。

表 3-2　铜及其合金电镀的废水处理要求

序号	工艺名称	镀液主要成分	废水处理要求
1	氰化物镀铜	铜氰化物和氰化钠	排入含氰废水
2	酸性硫酸盐镀铜	硫酸铜和硫酸	可混合处理
3	焦磷酸盐镀铜	焦磷酸铜、氨水、柠檬酸盐、磷酸盐	氨的存在使其不能与其他金属废水混合处理
4	镀青铜（铜锡合金）	氰化物为基础的锡酸盐、锌等	氰化物单独处理后混入重金属废水

镀铬：电镀含铬废水主要来自电镀铬、铬酸盐纯化，塑料电镀粗化、铝氧化等工序。污染较大的是镀铬和镀锌纯化水，废水中六价铬的浓度随着所采用的工艺不同而不同。三价铬电镀作为环保型的工艺技术主要包含硫酸盐镀铬和氰化物镀铬两大类。

锌及其合金电镀：酸性镀锌、锌酸盐镀锌、镀锌系合金等几乎没有配位络合剂含锌废水，只需将 pH 调整到合适范围、加入定量的混凝剂，即可析出氢氧化物沉淀，过滤后出水中锌浓度就能达到排放标准（5 mg/L），经处理后，约有90%的废水能循环使用。而铵盐镀锌等含配位络合剂较多的废水则需破络后，再调整pH 沉淀去除。沉淀出的锌污泥，由于经济价值不高，作为一般污泥统一处置，或无害化处理。

镀镉：在电镀工序中，一般用氰法工艺镀镉，镀镉废水的主要污染物是 $[Cd(CN)_4]^{2-}$、Cd^{2+}、氰离子，可采用次氯酸钠氧化法处理含镉废水。如果后续连接电渗析装置或反渗透装置，其产生的浓缩液能够回用到镀槽再次利用，实现物料循环。

化学镀镍：化学镀镍液中除了有大量的可溶性镍盐和次亚磷酸盐，还加入了适量改良剂、稳定剂、加速剂、光亮剂等添加剂用于优化镀液性能，如含氧酸盐、含硫化物、多碳原子有机物、有机酸等。络合剂中的多种配位体与镍离子络合，阻碍了镍的沉淀，因此只有通过破络，才能使镍有效沉淀。化学沉淀法处理化学镀镍废水时，投加 CaO 和 $CaCl_2$ 作为破络剂，破除络合结构能力好，镍离子沉淀率高。

化学镀铜：为了增加镀层的附着力和稳定性，镀液中添加了 EDTA、柠檬酸钠、硫脲、酒石酸钾钠等改良剂和稳定剂，它们会与铜离子形成稳定的配体络合导致常规处理工艺难使出水铜浓度稳定达标。化学镀铜废水的处理方法有溶剂萃取法、光降解法、重金属捕集剂法、微电解法等。

二、电镀废水处理技术

对电镀园区来说，电镀生产线种类多样，产出的废水繁杂，如果各工段产生的含油废水、混排废水、清洗废水等不能明确分类，必然给园区集中式污水处理站的调试和运行带来麻烦，水质难以稳定达标。所以企业要从源头做起，要合理规划车间排水，及时更新电镀工艺，排水分类设置收集池，对废水进行科学合理的分类收集和分质处理。

针对各种节点排放的电镀废水的特点，选择具有针对性的处理工艺，并在此基础上，对具备同质性特征的污水进行合并处理，是平衡达标排放、提标排放、重金属资源回收、中水回用与基建营运成本的必然选择。

（一）有机废水处理技术

1. 有机废水生化处理技术

（1）A/O（缺氧/好氧）生物处理工艺。本工艺适用于低浓度有机废水的治理，但缺氧池抗冲击负荷能力较差。

（2）A^2/O（厌氧—缺氧好氧）生物处理技术。厌氧菌群把复杂的长链大分子有机物分解为小分子，提高污水的可生化性，便于后续生化处理。该技术适用于脱脂、除油、除蜡等工段带来的有机废水的处理。该技术可有效去除 COD_{Cr}、氨氮等有机污染物，但占地规模大、工艺烦琐、运行成本较高。

（3）好氧/膜生物处理技术。该技术得益于膜的高效截留性能，当活性污泥浓度为 3 000～5 000 mg/L，污水经过好氧菌群降解，能充分地氧化有机物，膜分离代替二沉池，得到高品质产水。该技术可有效去除 COD_{Cr}、氨氮等有机污染物，但对总磷的去除效果差，运行成本高。

（4）厌氧/膜生物处理技术。该技术与好氧/膜生物处理技术相比，湿污泥减量95%以上，容积负荷提高 1 倍上，且能耗少，但厌氧生物处理的废水停留时间较长，有机物分解不完全，气味较大，对温度、pH 等环境因素变化更为敏感。

（5）厌氧-缺氧（或兼氧）/膜生物处理技术。该技术是在缺氧膜生物反应池前增加厌氧池，厌氧池采用水解酸化工艺，能取得降解有机污染物、脱氮除磷、污水资源化、有机污泥量少、节能降耗的效果。该技术可有效去除 COD_{Cr}、氨氮、总磷、总氮等污染物。

2．有机废水生化预处理技术

受电镀工艺和特征污染因子及添加剂影响，废水中含有大量高分子有机物且浓度高，构成繁杂，以致可生化性很差。生物毒性物质（如重金属、氯化物等）对生化性产生毒害作用，须经预处理再进行常规的生化处理。常用的生化预处理技术有铁碳微电解法和 Fenton 氧化法。

铁碳微电解法具有处理效果好，使用寿命长，适用范围广，成本低，操作性强等特点且铁屑（如切削工业的垃圾）来源广，且不浪费电力资源，达到"以废治废"的效果。缺点是处理时间较长时，铁屑容易结块会影响处理效果。

Fenton 氧化法的优点是技术较为成熟，可氧化破坏多种有机物，适用范围广，设备及操作简单，缺点是反应时间较长，受 pH 范围（2～4）限制，药剂用量较多。

（二）含氰废水治理技术

1．碱性氯化法处理含氰废水

该技术适用于处理含氰废水，破氰彻底，但是控制不当会产生氯化氨，造成二次污染。污泥中含有大量重金属离子，属于危险废物，须按规定由有资质的专业公司处理（图 3-2）。

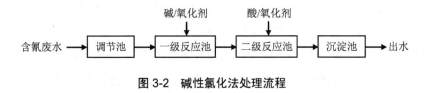

图 3-2　碱性氯化法处理流程

2．Fenton 氧化法处理技术

Fenton 氧化法处理含氰废水的机理包括氧化作用和絮凝作用两部分，当含氰废水进水浓度小于 60 mg/L，且进水稳定时对氯的去除率可达 93%。

（三）含六价铬废水治理

1．化学还原法处理含六价铬废水

常用的还原剂有亚硫酸盐、硫酸亚铁、水合肼等。不同的还原剂和沉淀剂的处理能力不同，污泥产量也不一样。在选择还原方法时，要综合考虑药剂的效果和成本，以及污泥的产量及处置回收。

（1）铁氧体处理法。铁氧体即亚高铁酸盐处理含铬废水主要包括还原反应、共沉淀和生成铁氧体等阶段。铁氧体处理法不仅适用于处理含铬废水，也适用于处理电镀混合废水。但是，若废水中含有强配位剂、螯合剂时，如化学镀漂洗废水中的 EDTA、柠檬酸盐等，其与重金属离子形成络合物，很难沉淀去除，影响处理效果。因此，当漂洗水中有配位剂或螯合剂存在时，需进行预处理，使其破络后再进入处理系统，工艺稳定运行时，最高去除率大于99%（图3-3）。

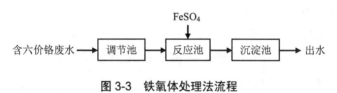

图3-3 铁氧体处理法流程

（2）亚硫酸盐还原处理法。此方法处理效率高、出水效果好、污泥产量少可回收。还原时将废水的 pH 控制在 2.0～3.5，当废水中的 Cr^{6+} 质量浓度达 900～1 000 mg/L 时，则要把还原反应池内 pH 控制在 1 左右。当利用化学沉淀反应时，常用的沉淀剂有氢氧化钙、氢氧化钠、碳酸钠等，效果最好的是20%的氢氧化钠溶液，其反应快、用量小、泥渣纯度高、易回收。该技术适用于处理含铬废水，三价铬以氢氧化铬的形态沉淀在污泥中，属于危险废物，需交给有资质的专业公司处理或回收（图3-4）。

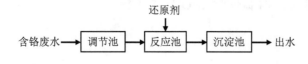

图3-4 亚硫酸盐还原处理法处理流程

2．离子交换法处理含铬废水

离子交换法处理含铬废水，要控制六价铬质量浓度在 200 mg/L 以下。经处理后水能达到排放标准，且出水水质较好，一般能循环使用，且吸附的铬酸经处理后可回用。但是离子交换法运行成本较高，为提高铬酸回收质量，须设置蒸发浓缩设备；在性能方面，吸附后的六价铬会氧化树脂，使树脂寿命缩短，洗脱液处理不当会造成二次污染（图 3-5）。

图 3-5　离子交换法处理流程

3．电解法处理含铬废水

电解法处理电镀含铬废水，一般适用于中小型电镀车间或电镀厂，处理低浓度含铬废水时效果较好，经验证明，当进水中六价铬质量浓度小于 20 mg/L 时，如进水 pH 为 4.5～5，电解后废水的 pH＞6，$Cr(OH)_3$ 沉淀较为完全；但 pH＞9 时，沉淀会溶解生成 $NaCrO_2$。废水中含六价铬质量浓度最好小于 100 mg/L。含三价铬污泥需交给有处理危险废物资质的公司处置（图 3-6）。

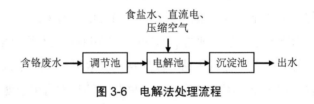

图 3-6　电解法处理流程

电解法的优点是去除率较高、沉淀的重金属可回收利用且减少污泥的生成量；缺点是极板损耗大、pH 偏低时 $Cr(OH)_3$ 会溶解。

第三章　电镀园区水环境管理

（四）镀镍废水处理技术

1．化学沉淀法处理镀镍废水

调整 pH 到 6 以上，加药反应时间为 15～20 min，选择合适的沉淀剂，如氢氧化镁，可使镍的去除率达 98% 以上，电镀污泥可提炼回收重金属（图 3-7）。

图 3-7　化学沉淀法处理镀镍废水流程

2．离子树脂交换法处理镀镍废水

此方法要求镍离子质量浓度为 50～200 mg/L（图 3-8）。

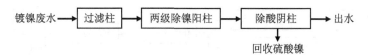

图 3-8　离子树脂交换法处理镀镍废水流程

（五）化学镀镍废水处理技术

化学镀镍废水中的多种添加剂具有络合作用，络合剂中的多种配位体与镍离子络合，阻碍了镍的沉淀，因此只有通过破络，才能使镍有效沉淀。

1．化学沉淀法处理化学镀镍废水

化学沉淀法处理化学镀镍废水时，CaO 和 $CaCl_2$ 能有效破除络合结构，镍离子容易去除，或者破络后投入氢氧化钠、氢氧化钙等沉淀剂。

化学沉淀法的优势是工艺成熟，操作费用低，缺点是会产生大量污泥，处理不当会造成二次污染。

2．Fenton 氧化法处理化学镀镍废水

体系能产生氧化能力特别强的·OH 自由基，能无选择性地矿化有机物，氧化分解难降解的含配位态镍的络合物。

（六）镀铜废水处理技术

电镀铜应用广泛，电镀镍、锡、铬、金、银之前常常需要镀一层铜用来打底，增强电镀本体和上层镀面的黏着力和镀面的防腐蚀能力。

1．化学还原法处理含铜废水

化学还原法处理工艺主要包括碱性氧化，水合肼还原和沉淀过滤 3 个过程。该工艺具有成本低、操作简便、可回收铜资源、无二次污染等优点。但若含铜废水中有络合剂，须氧化破络后再还原。Cu_2O 沉淀物结构紧致细密、沉降快、易脱水、回收效率高，没有一般化学法常见的污泥脱水问题（图 3-9）。

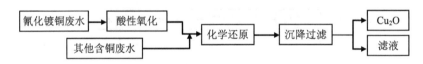

图 3-9　化学还原法处理含铜废水流程

2．离子交换法处理氰化镀铜和铜锡合金废水

离子交换法能有效去除氰化物和铜离子，同时吸附回收的氰化物和铜离子可直接返回锻槽重复使用。经处理后废水中的氰化物和铜离子浓度均可达到排放标准。其处理装置占地面积小、投资省、运行费用低，经济上基本能达到收支平衡。但这种处理方法的操作管理要求有一定的技术能力（图 3-10）。

图 3-10　离子交换法处理含氰镀铜废水流程

3．离子交换法处理酸铜废水

树脂前置过滤柱，控制进水悬浮物浓度在 10 mg/L 以下。硫酸铜镀铜清洗水 pH 一般为 1.5～2.0。经 H 型强酸阳离子交换树脂处理后，出水 Cu^{2+} 浓度可达 1 mg/L 以下，可根据树脂变色的深浅和树脂体积的胀缩来鉴别树脂饱和、吸附终点和再生、转型等是否彻底，以简化操作（图 3-11）。

图 3-11　离子交换法处理酸铜废水流程

4．离子交换法处理焦磷酸铜废水

焦磷酸铜的清洗液中的铜主要以铜的配合离子 $Cu(P_2O_7)^{2-}$ 形态存在，通常使用阴离子交换树脂进行去除，并能将洗脱液回槽使用（图 3-12）。

图 3-12　离子交换法处理焦磷酸铜废水流程

（七）络合铜废水的处理

络合铜主要来自铜离子与电镀废水中柠檬酸钠、铵离子、EDTA、酒石酸等添加剂的络合。

1．硫化物沉淀法

向络合铜废水中加入 Na_2S 等硫化物反应形成 CuS 而沉淀，并加入混凝剂促进聚沉效率，pH 为 9.5～11.5，可有效除铜，出水中铜的浓度小于等于 5 mg/L。硫化物沉淀法的劣势是，难以控制硫化物的加入量，硫化物过量会造成二次污染和恶臭。

2．氧化法

氧化法即用氧化剂氧化破坏络合铜的配位体，之后加碱沉淀，常用的氧化剂有次氯酸钠和 Fenton 试剂。研究表明，氧化剂对铜的去除率在 99% 以上，同时还能分解一部分有机物。

3．离子交换法

采用阳离子交换树脂处理铜氨络合废水，当进水铜含量小于 400 mg/L 时，出水铜浓度小于 0.5 mg/L。但离子交换法处理一般不直接用于处理含铜废水，为避免树脂过快饱和，多用于化学法处理后的达标保障措施。

（八）含锌废水的处理

在电镀生产过程中，镀锌件约占总产量的 60%，含锌废水是电镀废水中产生量较大的废水之一。

1．化学法处理碱性锌酸盐镀锌废水

一般所需处理的含锌废水包括镀锌漂洗水和酸洗废水。混合处理这两种废水，酸洗废水中和了含锌废水中的碱，铁形成的氢氧化铁也能促进锌的沉淀。$Zn(OH)_2$ 沉淀的 pH 为 8.5～9.5（图 3-13）。

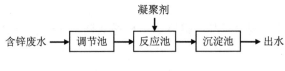

图 3-13　化学法处理含锌废水工艺流程

2．化学法（石灰法）处理铵盐镀锌废水

铵盐镀锌废水中的锌离子，由于镀液配方中的氯化铵、氨三乙酸等使它以锌的配离子状态存在，因此对其处理较困难。

运行时要控制 pH<13（10.95~11.2），否则随着 pH 升高，$Zn(OH)_2$ 沉淀会重新溶解，导致出水 Zn^{2+} 浓度升高。另外，石灰宜先调制成石灰乳后使用。

3．离子交换法处理钾盐镀锌废水和硫酸锌镀锌废水

钾盐镀锌清洗水的锌离子采用 Na 型弱酸阳离子交换树脂进行处理，去除锌离子后水循环使用。一般采用双阳柱全饱和处理（图3-14）。

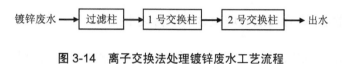

图 3-14　离子交换法处理镀锌废水工艺流程

（九）重金属综合废水治理技术

1．化学沉淀法处理重金属综合废水

不同的金属氢氧化物沉淀最适合的 pH 范围并不一样，根据实际情况，各种常见金属离子沉淀的适合 pH 如表3-3所示。若废水中含有配位、络合作用的表面活性剂等情况时，应先进行预处理破络，再进行中和处理（图3-15）。

表 3-3　镀废水中常见金属离子的沉淀 pH

金属离子	氢氧化物的 K_{sp}	最佳 pH	pH 范围	开始溶解的 pH
二价铜离子	4.8×10^{-20}	8.1	6.6~10.8	10.8
二价镍离子	2.0×10^{-15}	10.9	8.6~12.6	—
二价锌离子	2.1×10^{-16}	8.4	7.8~9.5	10.5
三价铬离子	6.3×10^{-31}	8.5	6.3~10.3	—
银离子	2.0×10^{-8}	—	>11.3	12.5

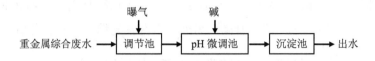

图 3-15 化学沉淀法处理重金属综合废水工艺流程

虽然该方法处理效果好，但是工艺流程较长，控制繁杂，污泥产生量大。

2．化学法+膜分离法处理重金属综合废水技术

含氰废水经氧化破氰、含铬废水经还原后以及其他重金属废水，在碱性状态下形成氢氧化物或硫化物沉淀，以膜分离技术截留重金属（图 3-16）。

该技术省略了沉淀池和污泥池，占地少，但膜的消耗量较大，成本高。

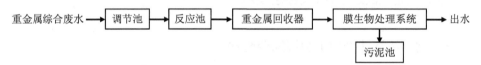

图 3-16 化学法+膜分离法处理重金属综合废水工艺流程

（十）混合废水治理技术

1．化学沉淀法处理电镀混合废水

该技术适用于废水产量少的中小型电镀企业粗略分水，运行成本较低（图 3-17）。

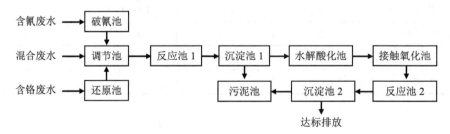

图 3-17 化学沉淀法处理电镀混合废水工艺流程

2．电解法+膜分离法处理电镀混合废水

电解法+膜分离法处理技术即先将电镀废水电解，再进行膜分离深度处理的工艺（图 3-18）。

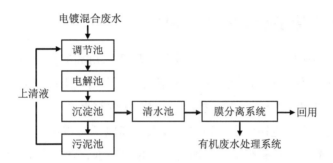

图 3-18　电解法+膜分离法处理电镀混合废水工艺流程

（十一）中水回用技术

1．反渗透膜深度处理技术

该技术适用于所有电镀企业的各种电镀生产线的废水资源化工程。

2．离子交换树脂深度处理技术

用离子交换法进行电镀废水线边处理，可以实现 90%～95%的废水回用率。离子交换树脂法应用于电镀园区废水处理，效果会因多种金属杂质及水质水量冲击造成一定影响，经处理后出水的水质不如应用于电镀废水线边处理时优越。此方法的缺点是树脂再生时会产生 1.5～3 t/次的浓酸和浓碱废液。

对于电镀废水，需采用多种处理方法相结合，分质处理，才能达到最佳的处理效果。在清洁生产、节能减排这一环保主题下电镀废水回用、重金属回收以及零排放工艺将越来越受到广泛关注。

三、电镀园区废水处理工程案例

（一）新会崖门定点电镀工业基地

现状。新会崖门定点电镀工业基地位于珠江三角洲的江门市，于 2009 年按《广东省电镀行业统一规划、统一定点实施意见》及《江门市电镀行业统一规划和统一定点实施方案》的要求进行建设。目前园区内有近百家电镀生产企业，其日处理水量是我国目前电镀废水处理水量最大的基地（30 000 m³/d）。项目生产废水主要包括膜浓水、含氰废水、含铜废水、含锌废水、含铬废水、含镍废水、混排废水、前处理废水及废气处理产生的废液，含一类污染物废水和含氰废水单独处理后再经综合废水处理设施处理，配套 1 套处理能力 5 000 t/d 的废水处理站及 3 800 t/d 和 2 000 t/d 共 2 套回用水处理系统，根据验收监测期间记录的流量读数（2014 年），可计算出项目目前平均中水回用率为 46.7%，达不到环评批复 62% 的要求。经处理后的废水部分回用后排入银州湖，项目外排废水量为 2 130 m³/d。

园区规定入园电镀企业应采用先进的清洁生产工艺和对环境无害或少害的工艺及原料，推广无毒、低排放电键新工艺、新技术，清洁生产水平参照《清洁生产标准 电镀行业》（HJ/T 314—2006[①]）二级标准要求。

水质特征。电镀废水共分为 6 类进行单独收集和处理，分别为含铬废水（750 m³/d）、含镍废水（500 m³/d）、含氰废水（750 m³/d）、前处理废水（1 250 m³/d）、综合废水（1 250 m³/d）、混排废水（500 m³/d）。

标准。含镍废水处理系统、含铬废水处理系统、含氰废水处理系统、综合废水处理系统、混排废水处理系统、前处理废水处理系统出口一类污染物均符合广东省《水污染物排放限值》（DB 44/26—2001）第一类污染物排放限值和《电镀污染物排放标准》（GB 21900—2008）表 4-4 限值中严的指标要求。废水处理站总排口外排废水中污染物均符合广东省《水污染物排放限值》（DB 44/26—2001）第二时段一级标准和《电镀污染物排放标准》表 4-4 限值中严的指标。

---

① 该标准虽已废止，鉴于园区为规范企业提出相应要求，且目前电镀行业无更新标准，仍须参照此标准。

处理工艺。重金属废水进入回用水处理系统前，用离子交换法进行预处理，进水浓度要控制在含盐量小于 500 mg/L，否则树脂会快速饱和，必须频繁再生。同时安装保安过滤器作为预处理过滤设备防止细小颗粒物等杂质进入超滤膜和反渗透设备内，造成机械损伤。经过离子交换系统，电镀废水中的重金属几乎 100% 被回收，大部分废水也经超滤、砂滤、反渗透处理后进一步净化回用至生产车间；子站出来的 RO 浓水再进入基地废水处理总站，进一步的物化、微电解及生化处理，除去废水中的有机物，确保重金属污染物和 COD 达标（图 3-19、图 3-20）。

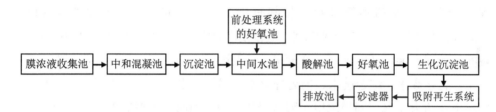

图 3-19　崖口定点电镀工业基地膜浓液处理系统工艺流程

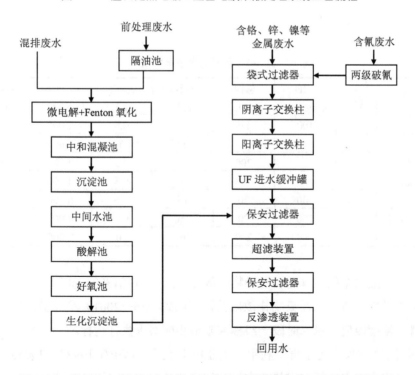

图 3-20　崖门定点电镀工业基地废水前处理系统和中水回用系统工艺流程

（二）龙溪电镀基地

现状：惠州市龙溪电镀基地园区规划面积约为 431 145 m²，总建筑面积约为 260 000 m²，其中电镀厂房面积约为 150 000 m²，污水处理站面积约为 15 000 m²。电镀基地实行统一管理，有规划合理的电锻废水收集输送管网，并有配套电镀废水处理中转站。目前龙溪基地内已入驻企业 80 多家。涉及的行业有五金、汽配、卫浴、装饰、航空航天等，电镀种类丰富多样，镀锌、镀铜、镀镍、镀铬、化学镍、合金镀、塑料镀等多数镀种都有生产。已建成的一期工程处理规模为 5 000 m³/d，主要处理电镀工业废水。电镀废水集中处理厂处理能力为 12 000 m³/d，现实际处理水量为 4 000～5 000 m³/d，每天运行 24 h。废水分为含氰废水、含镍废水、含铬废水、综合废水、前处理废水、混排废水 6 股废水进行收集。废水回用率现在约为 30%，回用水用于园区绿化，冲洗地面，水质适用于电镀前处理工序的粗洗环节。

水质特征（表 3-4）：

表 3-4　各股废水进水水质

项目	pH	COD/ (mg/L)	总铜/ (mg/L)	总镍/ (mg/L)	总铬/ (mg/L)	电导率/ (μS/cm)	氰化物/ (mg/L)
镀镍废水	2～6	100	20	250	0.5	4 000	—
镀铬废水	2～6	—	20	20	350	4 000	—
含氰废水	7～12	—	200	20	0.5	2 500	200
综合废水	2～6	150	100	50	0.5	4 000	—
前处理废水	2～6	400	20	15	0.5	6 000	—
化学镍废水	3～8	200	20	250	0.5	4 000	—
混排废水	2～6	—	200	200	30	7 000	20

标准：废水排放按《电镀污染物排放标准》（GB 21900—2008）中表 3 排放限值要求及广东省《水污染物排放限值》（DB 44/26—2001）第一类污染物最高允许排放浓度限值、第二时段一级标准限值相应要求执行达标。

回用水按《城市污水再生利用　工业用水水质》（GB/T 19923—2005）中"工艺与产品用水"水质标准限值要求执行达标。基地废水回用率须达到 60% 以上，达标废水排放总量须控制在 4 000 m³/d 以内。

球岗排渠上、下游地表水监测参照《地表水环境质量标准》（GB 3838—2002）Ⅳ类标准限值。

所选处理工艺参照《电镀工业污染防治最佳可行技术指南》及《电镀废水治理工程技术规范》（HJ 2002—2010）所列工艺。

现有废水处理工艺：含镍废水、含铬废水、综合废水经过滤和树脂吸附，含氰废水经化学氧化和膜沉淀，前处理废水经生化工艺都进入回用水系统，回用水制备采用二级反渗透的方法。混排废水和膜浓水经化学法、电解法、生化法排放（图 3-21）。龙溪电镀基地电镀废水治理技术总结比较见表 3-5。

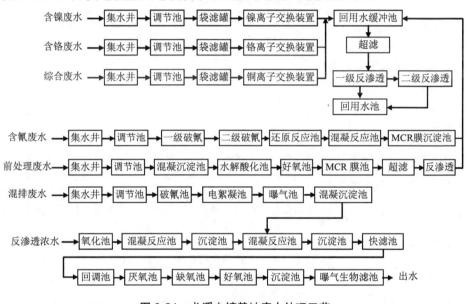

图 3-21　龙溪电镀基地废水处理工艺

表 3-5　龙溪电镀基地电镀废水治理技术总结比较

电镀废水治理技术	技术适用性及特点
碱性氯化法处理含氰废水	破氰完全、操作灵活、运行费用较低，连续运行时，设备原理与碱性氯化法相似
臭氧处理法处理含氰废水	设备成本高，操作复杂，运行费用高，接触时间 15 min 时，可去除 97%的游离 CN；20 min 时，能去除 99%的游离 CN。对配位 CN，在上述时间下分别只能去除 40%和 60%

电镀废水治理技术	技术适用性及特点
Fenton 氧化法处理含氰废水	当含氰废水进水浓度小于 60 mg/L，且进水稳定时，对氰的去除率可达 93%
亚硫酸盐法处理含铬废水	处理后的废水能稳定达标，加药量少，泥渣少，氢氧化铬污泥可以回收利用。出水六价铬浓度低于 0.2 mg/L
铁氧体法处理含铬废水	硫酸亚铁成本低，处理设备简单，出水能稳定达标；但污泥量大，耗能多，成本高。工艺稳定运行时，最高去除率大于 99%
离子交换法处理含铬废水	出水质量好，可循环用水、回收铬酸。但运行费用较高，树脂寿命短，出水六价铬浓度低于 1 mg/L
电解法处理含铬废水	消耗铁板量大，盐度增大，水的回用受影响，操作复杂。当进水中 Cr（VI）浓度小于 20 mg/L 时，$Cr(OH)_3$ 沉淀较为完全
化学沉淀法处理镀镍废水	镍以氢氧化物或硫化物形态沉淀，水质好，污泥可提炼回收镍。选择合适的沉淀剂，去除率达 98% 以上
离子交换法处理镀镍废水	出水质量好，可循环用水、回收镍。但运行费用较高。出水 Ni^+ 浓度低于 1 mg/L
化学沉淀法处理化学镍废水	工艺成熟，操作费用低，但会产生大量污泥，处理不当会造成二次污染。选择有破络作用的沉淀剂，去除率大于 99%
Fenton 氧化法处理化学镀废水的络合有机物	无选择地矿化有机物，处理效果好，但成本较高
UV/H_2O_2 法处理化学镀废水中的络合有机物	氧化作用更强，同时成本更高
化学还原法处理含铜废水	设备投资少，工艺操作简单，能够回收铜资源又可达标排放
离子交换法处理氰铜废水	出水效果好，可分别回收氰和铜，水可回用；树脂易受其他杂质影响，成本较高。出水 CN 含量小于 0.5 mg/L，Cu^{2+} 含量小于 1 mg/L
离子交换法处理酸铜废水	出水效果好，可回收铜，水可回用；树脂易受其他杂质影响，成本较高。出水 Cu^{2+} 浓度可达到 1 mg/L 以下
离子交换法处理焦磷酸铜废水	出水效果好，可回收铜，水可回用；树脂易受其他杂质影响，成本较高。出水 Cu^{2+} 浓度可达到 1 mg/L 以下
硫化物沉淀法处理络合铜废水	投加 Na_2S，将 pH 控制在 9.5～11.5，可有效除铜，出水中铜的浓度小于等于 0.5 mg/L
氧化法处理络合铜废水	氧化剂对铜的去除率在 99% 以上，同时还能分解一部分有机物
化学法处理碱性锌酸盐镀锌废	锌污泥没有回收价值，需注意 pH 的把控
化学法（石灰法）处理铵盐镀锌废水	由于配离子态的存在处理困难
化学沉淀法处理重金属废水	按最佳 pH 范围沉淀，重金属以氢氧化物或硫化物形态沉淀，水质好，污泥可提炼回收重金属
化学法+膜法处理重金属废水	重金属以氢氧化物或硫化物形态被膜截留，水质好，回收含重金属固形物。微滤/超滤膜作为固液分离的介质，可回收含重金属固体物 100%

电镀废水治理技术	技术适用性及特点
A/O 生物法处理有机废水	有效去除悬浮颗粒物,缺氧池抗冲击负荷能力较差。当进水 COD_{Cr} 低于 500 mg/L 时,COD_{Cr} 去除率达 80% 以上,出水 COD_{Cr} 低于 100 mg/L
A^2/O 生物法处理有机废水	有效去除 COD_{Cr}、氨氮等污染物。占地较大,工艺流程长,运行费用较高。当进水中 COD_{Cr} 低于 500 mg/L,氨氮低于 50 mg/L 时,COD_{Cr} 去除率 80%~90%,氨氮去除率 80%~90%,出水 COD_{Cr} 50~100 mg/L,氨氮 5~10 mg/L
好氧/膜生物法处理有机废水	有效去除 COD_{Cr}、氨氮等污染物。去除总磷效果较差,运行费用较高。当进水中 COD_{Cr} 低于 500 mg/L,氨氮低于 50 mg/L、总磷低于 5 mg/L 时,COD_{Cr} 去除率为 90%~95%,氨氮去除率为 85%~90%,总磷去除率为 70%~75%;出水中 COD_{Cr} 50~75 mg/L,氨氮 5~7.5 mg/L,总磷 1.25~1.5 mg/L
缺氧/膜生物法处理有机废水	有效去除 COD_{Cr}、氨氮、总磷等污染物,当进水中 COD_{Cr} 低于 500 mg/L、氨氮低于 50 mg/L、总磷低于 5 mg/L 时,COD_{Cr} 去除率为 93%~95%,氨氮去除率为 90%~95%,总磷去除率为 90%~95%;出水中 COD_{Cr} 25~35 mg/L,氨氮 2.5~5.0 mg/L,总磷小于 0.5 mg/L
厌氧-缺氧(或兼氧)/膜生物处理技术	有效去除 COD_{Cr}、氨氮、总磷等污染物,当进水 COD_{Cr} 低于 500 mg/L,氨氮低于 50 mg/L、总磷低于 5 mg/L、总氮低于 60 mg/L 时,COD_{Cr} 去除率为 93%~95%,氨氮去除率为 90%~95%,总磷去除率为 90%~95%,总氮去除率大于 90%;出水中 COD_{Cr} 25~35 mg/L,氨氮 2.5~5.0 mg/L,总磷小于 0.5 mg/L,总氮不大于 6 mg/L
化学沉淀法处理电镀混合废水	小水量,络合物影响,金属沉淀的 pH,废水处理工艺简化,设备投资减少,运行费用低;调节 pH 为 8~9,若没有络合物存在,出水金属浓度在 1 mg/L 以下,有络合物时,镍浓度会超过 1 mg/L
电解法+膜分离处理混合废水	去除金属率大于 99%,膜分离出水补充清洗水;铁屑填料易氧化结块,须保持没在水下
反渗透膜深度处理技术	脱盐率大于 97%,出水金属离子浓度小于 0.4 mg/L,全过程用物理法处理,不发生相变;工艺流程短,占地少;不产生污泥

存在的问题:

● 由于工艺上的缺陷,膜系统的进水水质较差,导致膜系统的回收率偏低,不能保证大部分废水回用到电镀生产中的各工艺,浪费大量的水资源。

● 镀镍废水与化学镍废水未分开收集处理,电镀镍成分简单多为镍离子和硫酸根等,化学镍废水成分复杂,还含有大量络合剂(如柠檬酸、酒石酸、次磷酸钠等）原有系统采用袋滤+离子交换，无法有效去除废水中络合物，重金属去除效率不及化学沉淀法，出水重金属超标。

● 原有系统直接采用离子交换法分离废水中的重金属离子，而没有前置预处理流程，虽然操作简单、出水效果好，但树脂易饱和，再生剂消耗多，成本高。

● 混排废水采用电絮凝法处理，利用电解产生金属氨氧化物的凝聚作用，主要缺点是投资成本较高、耗电量较大、电极损耗也较大、污泥量也多。

● 生化效率低且配位态镍中的含磷基团难沉淀或生化，导致出水磷浓度难以稳定达标。

优化建议：

● 针对镍离子浓度不能稳定达标的问题，将含有配位态镍的化学镍废水从含镍废水中分出单独收集输送，并入混排废水进行破络处理。

● 针对有机废水氮磷难以稳定达标的问题，在最后生化处理工艺时，将电絮凝系统改造为 Fenton 氧化系统，因为 Fenton 氧化法能无选择地矿化有机物，对有机物的分解作用比电絮凝更强；成本比电絮凝法低，且不会增加水的盐度，电絮凝法在阳极铁板还原反应，在水中引入了亚铁离子，增大了溶液电导率。

● 为了提高中水回用的水质和离子交换树脂的寿命，在离子交换树脂前增设化学沉淀法，将离子交换树脂作为深度去除重金属的保障措施。

（三）如东开元表面处理中心

现状：如东开元表面处理中心位于南通市如东经济开发区，是长江流域典型电镀工业园区。日处理污水 5 000 m³，回用水处理能力达 2 500 m³/d，回用率为50%，共设两条处理线，一条处理能力为 2 000 m³/d；另一条处理能力为 3 000 m³/d。2016 年提标升级工程引进了美国哈德逊公司的 CAFÉ 系统，该系统是目前国际上关于重金属污染物最先进的处理技术，这项技术的引进，将大大降低国家一类控制重金属指标的排放总量。园区废水处理总站升级改造方案是需要针对镍、磷易超标的问题增设树脂吸附把关设施，针对 COD、氨氮易超标的问题，在生化处理工艺增加反应级数。

水质分类：废水按含铬、含氰、含镍、化学镍、混排、综合、前处理 7 类废水分别收集处理，采用化学法+膜法处理。

标准：废水排放按《电镀污染物排放标准》（GB 21900—2008）中表3要求执行达标。

处理工艺：高浓度重金属废液进入不可回收处理系统，废酸槽液限量升至排放废水处理系统或作为排放水系统的 pH 调节药剂，前处理碱性脱脂废液限量升至前处理有机废水处理系统（图 3-22）。

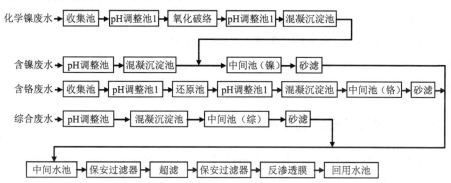

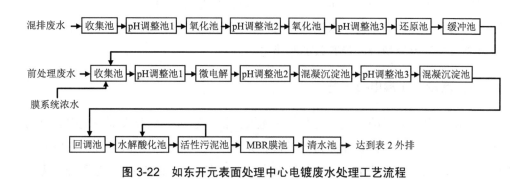

图 3-22　如东开元表面处理中心电镀废水处理工艺流程

四、电镀园区污染防治技术发展趋势

今后，电镀废水处理将随着两大趋势发展。一是在清洁生产的推动下，由末端处理变为事前预防；在《清洁生产促进法》中规定，所谓清洁生产，是指不断采取改进设计，使用清洁的能源和原料，采用先进的工艺技术与设备善管理、综合利用，从源头削减污染，提高资源利用效率，减少或者避免生产、服务和使用过程中污染物的产生和排放，以减轻或者消除对人类健康和环境的危害，并对清洁生产的管理和措施进行了明确的规定。《山东省重金属污染综合防治"十二五"规划》中规定，工业园区内新建电镀企业，应采用氯化钾镀锌、镀锌层低六价铬和无六价铬钝化、镀锌镍合金工艺及其他清洁生产工艺。二是电镀废水处理集中所能达到的各学科的最新技术，随其涉及的十大学科（无机化学、有机化学、分析化学、物理化学、机械、电工、仪表、生物、流体力学、土建）实用技术的发展而发展。具体来说，要由被动的末端治理发展为末端治理与预防污染一体；由污染物的稀释排放发展为无害排放，排放水的金属含量几乎为零；污泥由掩埋、焚烧发展为可安全地、广泛地利用；绝大部分的水资源循环使用。

（一）电镀工艺技术的发展

电镀生产的原辅材料中往往含有毒性较大的氰化物和重金属，对环境的破坏非常严重，而且还会危及我们的生活、生存。所以，在预防电镀污染的措施中，采用低毒、无毒原料的清洁工艺是一项十分重要的工作，它从源头削减了污染，减少或改变了废物的毒性。采用更先进的生产工艺，从源头上减少污染物的产生是电镀污染治理最积极、最有效的举措之一。

1. 低毒、无毒电镀工艺

采用低毒或无毒的电镀工艺是一个重要方面，它可以从源头削减电镀工艺的严重污染，目前，电镀企业提倡的低毒、无毒工艺包括：①无氰电镀，指用非氰化物电解液代替剧毒的氰化物电解液的电镀新工艺（如 HEDP 碱性镀铜、BF 无氰碱铜及以用氯化物镀锌或碱性锌酸盐镀锌）来代替氰化物的镀锌工艺；②代六价铬镀液电镀，用三价铬、复合电镀、多元合金电镀等取代六价铬电镀；③代镉电镀，以锌代镉、以锌合金代镉等，其中锌-镍合金具有较多的优点，已在欧美和我国的航空和航天等产品上得到应用；④无氟、无铅和代镍电镀，人们从环境保护和清洁生产出发，研究并开始应用无氟镀液来代替氟化物镀液。一种是氨基磺酸镀液，可获得结晶细致、平滑、光亮的镀层，且沉积速度快，适合于高速电镀；另一种就是甲磺酸、酚磺酸盐镀液，成分简单，容易维护，废水处理简单，可在高电流密度下工作，适合高速电镀，但价格较贵。就连镀铬中的添加剂也已被无氟的复合有机添加剂所取代。

2. 低浓度工艺

电镀废水中的污染物主要是由于镀件从镀槽中带出的，带出量与槽液浓度成正比。采用低浓度镀液不仅可以节约资源，还可以减少污染。目前，低浓度镀液工艺（如低铬酸镀铬、低铬酸钝化、低浓度镀镍、低锌或无锌磷化、低铬酐抛光、无"黄烟"六和铝合金抛光等）都已获得很好的应用。

3. 逆流清洗技术

电镀过程中采用逆流清洗技术不仅能有效防止污染，还能回收水和化工原料，实现电镀清洗水的闭路循环。目前，以逆流清洗技术为基本手段的各种组合工艺（如逆流清洗-蒸发浓缩、逆流清洗-离子交换、逆流清洗-化学处理等防治技术）正在发展和使用，已成为我国防治电镀废水的主要发展趋势。

（二）电镀废水处理的新方法

1. CZB矿物法

该方法利用矿粉CC和NMSTA天然矿物污水处理剂，再添加一些辅助剂对电镀废水进行混合处理。处理剂的原料都是纯天然矿物，经过一定的特殊工艺改性加工而成。该方法装置、应用操作简单，处理成本较低。

2. 螯合沉淀法

由于重金属捕集剂可与重金属离子生成稳定的螯合物，能有效地去除废水中的胶质重金属离子以及重金属共存盐与络合盐（如氨EDTA、柠檬酸络合物等）。该方法处理方法简单、处理效果好、絮凝效果佳、pH适用范围宽、污泥量少。在常温下废水中重金属离子能与DTC等重金属捕集剂迅速发生反应，在少量无机或（和）有机絮凝剂的作用下，生成的不溶水的螯合盐会形成絮状沉淀而去除。DTC系列药剂处理电镀废水可同时去除多种重金属离子，及以络合盐形式存在的重金属离子，还可以去除胶质重金属共存盐类不会对其作用产生影响，应用前景良好。

3．纳米技术

用于废水处理的纳米技术包括纳米过滤技术、纳米光催化技术和纳米吸附技术等。纳米过滤技术是一种介于反渗透和超滤之间的新型膜技术，它具有无污染、节能和离子选择性高等特点。纳米 TiO_2 光催化技术处理重金属废水，可在常温常压下进行，兼具氧化和还原特性，反应彻底不产生二次污染。纳米材料由于尺寸为纳米级结构而具有良好的吸附和交换功能，在吸附重金属方面具有很大的发展前景。

4．基因工程

基因工程能够实现对重金属离子的高效生物富集。如何提高重组菌对重金属离子的富集容量和重组菌对特定重金属离子的选择性是将来研究的重点。基因技术强化了原宿主菌去除重金属的功能，但是重组菌并非天然形成的，对于环境的影响也是未知的，因此如何做好生态安全预测和防护，是基因工程未来的方向。目前，基因工程还停留在研究阶段，离真正工业化应用还存在一定差距。

（三）电镀废水的零排放

所谓"零排放"是利用清洁生产，"3R"（Reduce、Reuse、Recycle）及生态产业等技术，实现对自然资源的完全循环利用，从而不给大气、水体和土壤遗留任何废弃物。零排放技术是综合应用膜分离，蒸发结晶和干燥等物理、化学、生化过程，将废水当中的固体杂质浓缩至很高浓度，大部分水已循环回用，剩下少量伴随固体废料的水，视企业具体情况，有以下几种处理而不排出系统〔蒸发/结晶、蒸发/干燥、太阳蒸发池自然蒸发、用于生产副产品，进入固体产品、喷入焚烧炉作为垃圾处理、被固体废料（如飞灰）吸收，作为固体废料处理〕。

中德金属生态城开辟创新型 LTE-HP 蒸发模式，打造全国最大的电镀废水零排放 CD 膜浓缩工程。该膜浓缩工程，已在中德金属生态城内建成，效果显著。但要实现更严格意义上的零排放，首先要解决的是废水回用问题，其中固废的资源回收尤其是金属和盐的回收，是当前亟须解决的问题。目前，所说的零排放只能说是趋近零或近似零排放，距离真正的零排放还有不小的差距。

第四章

工业园区依托城镇污水处理厂处理工业废水问题分析与整改策略研究①

自 2018 年以来，为深入贯彻习近平生态文明思想和习近平总书记关于长江经济带发展重要讲话精神，防范和化解长江经济带各工业园区工业废水排放带来的环境风险，生态环境部印发《长江保护修复攻坚战行动计划》、《长江经济带工业园区污水处理设施整治专项行动》和《长江经济带工业园区水污染整治专项行动》等，重点推动解决工业园区污水管网不完善，污水集中处理设施不能稳定达标运行等问题。专项行动针对依托城镇污水处理厂处理工业废水的园区数量较多、环境风险较大等问题，要求各有关地区应对工业园区依托的城镇污水处理设施运行情况、处理效果等进行评估，经评估不能排入城镇污水处理设施的工业园区废水，应限期退出或采取其他措施加以整治。

---

① 本章作者：杨铭、林臻、王琴、唐艳冬、徐宜雪。

一、工业园区依托城镇污水处理厂处理工业废水基本情况

（一）我国工业园区污水集中处理设施建设情况简述

我国工业园区环境管理起步较晚，园区环保基础设施相对薄弱，其高强度的工业废水排放引发的水环境问题不断凸显。为强化园区污水处理基础设施建设，2015 年国务院印发"水十条"，将污水集中处理设施建设纳入园区环保考核硬指标，极大地补齐了园区环保基础设施短板。截至 2020 年年底，全国省级以上工业园区已全部建成污水集中处理设施。

（二）我国工业园区依托城镇污水处理厂处理工业废水情况

根据调研情况，工业园区污水集中处理设施主要有三类：一是建设园区独立的集中工业污水处理设施；二是依托园区周边城镇污水处理厂进行废水处理；三是依托企业污水处理设施处理园区工业废水。污水集中处理设施投资高，占地面积大，建设周期长，很多工业园区因经济基础薄弱、毗邻城镇土地有限等原因，选择依托附近城镇污水处理厂处理工业园区工业废水。据了解，2020 年全国省级以上工业园区中依托城镇污水处理厂的比例超过 50%，长江经济带各省（市）园区依托率超过 60%，浙江、上海等地区依托率超过 80%。

（三）工业园区依托城镇污水处理厂处理工业废水存在环境风险

工业园区依托城镇污水处理厂处理辖区企业预处理后的工业废水，是各地区共享环保基础设施，化解环境污染风险的可行措施，也是发达国家常见的工业污水处理形式。但由于我国工业园区数量较多，企业预处理效果参差不齐，污染物排放监测能力不足，城镇污水处理厂接纳工业废水缺乏评估机制，依托城镇污水处理厂处理工业园区工业废水带来的环境风险不容小觑。

二、工业园区依托城镇污水处理厂处理工业废水存在的问题

（一）城镇污水处理厂不掌握上游工业园区污水排放底数

根据行业调研，绝大部分城镇污水处理厂不掌握相应园区的排放底数。城镇污水处理厂一般为市、县级城建部门组织建设，非属工业园区管理，很多工业园区为完成"建成污水集中处理设施"的任务，将工业废水一托了事。绝大多数城镇污水处理厂运营方作为废水接收方，解释没有"家底"是因为没有相关职能，接纳工业废水则是因为城镇污水量不足或管理部门的硬性要求，对于工业污水带来的影响缺乏有效应对策略。

（二）污水收集均采用混管输送的模式，无法对其进行分质处理

据了解，依托城镇污水处理厂的工业园区中不乏印染、化工等重点行业园区。这些园区在收集废水时，几乎全部采用混管输送，最终与城镇居民生活污水管网连接，并进入城镇污水处理厂。生活污水可生化性好，水质水量稳定，主要污染物为 COD、氨氮、磷和硝态氮等，毒性或抑制菌种活性类物质含量较低，排入城镇污水处理厂后采用二级处理工艺即可满足排放要求。工业废水污染物成分复杂、可生化性低、生物抑制性强、水质水量波动频繁、氮磷浓度高、含盐量大，进入城镇污水处理厂后不但干扰其常规污染物削减能力，特征污染物也难以被有效去除，极易导致排放超标。将生活污水和工业废水混合输送，不但易稀释有毒物质，对水质监测造成误导，同时难以发现企业私设暗管、超标排放等违法行为，导致城镇污水处理厂在来水超标时难以溯源，增大了污水处理成本和超标排放风险。

（三）城镇污水处理厂工艺难以满足部分工业污水处理需求

多年来，我国城镇污水处理厂已形成了一套固定的工艺路线，设计建设以格栅、沉砂池、生化池、混凝沉淀等处理单元为主，基本未配备工业污水专用处理

单元。而工业园区中行业类型繁多，污水性质差异较大，如印染纺织类园区工业废水可生化性较差、色度高；化工行业废水氮磷浓度高、毒性大；冶金电镀类园区污水富含重金属、氰化物；食品加工类园区污水有机物浓度高、含油量大、悬浮物多等。这类污水需要专门的吸附、过滤、高级氧化、混凝等物化方法与生物厌氧、好氧相组合的工艺才能实现有效处理。此外，多数城镇污水处理厂未配备专用的缓冲池/应急事故池级及相应的监测设施，应对工业废水水质水量变化带来的冲击能力较弱。

综上所述，城镇污水处理厂受纳工业园区工业废水存在较大的环境风险，近年来由此产生的问题在各级环保督察中屡见不鲜，多起"治污"变"制污"事件也被媒体报道。因此，优化工业园区污水收集输送模式，并对所依托的城镇污水处理厂进行改造，是降低处理风险，实现稳定达标排放的必要措施。

三、园区依托污水处理厂处理工业废水相关问题的解决策略

（一）废水收集及转输策略

《水污染防治法》规定,含有毒有害水污染物的工业废水应当分类收集和处理,不得稀释排放。因此，如工业园区中存在化工、电镀、印染、冶炼等重点行业，应尽量将这些企业产生的工业废水输送至工业污水处理厂进行处理，如园区未配套工业污水处理厂，则应对这些企业采用"一企一管"模式进行收集，主要管理策略如下所述。

1. 加强分类收集，分质处理

我国工业园区中工业类型繁多，各企业产品多样，常涉及多个车间和多段工艺，各车间产生的污水性质差异较大。因此，涉及有毒物质和重金属的企业应将不同类型的污水分别进行收集和预处理，并通过"一企一管"的形式输送到污水处理厂进行处理，有条件的园区可采用明管输送，避免污水管线泄漏污染环境。污水处理厂也应对企业工业废水进行分类管理，分质处理，避免"大锅烩"。

2．强化水质监测，避免超标排放

为避免企业超标排放，需在企业排口安装自动监控系统，便于生态环境部门和污水处理厂监测 COD、氨氮、总氮、总磷、流量等指标，并对超标水样自动留样和远程取样，重点企业可增加特征污染物在线监测设备。当在线仪表检测到出水指标超过设定值或超过环评批复水量时，出口电动阀门自动关闭，将水回流到企业废水池重新处理，确保企业无法外排超标污水。

3．优化企业工业废水排放管控

针对工业废水水质复杂、水量变化大的特点，可加强科学管控优化企业废水排放：如根据各企业特点，逐一确定污水纳管标准，保证污水输送管网排水安全，水质符合城镇污水处理厂进水要求；同时，合理规划主要涉水企业排水时间，制订"错时排水"方案，平衡各时间段污水管网负荷，有效降低对城镇污水处理厂的冲击。

（二）受纳工业废水的城镇污水处理厂改造策略

为强化城镇污水处理厂受纳工业废水管理，国家在相关标准中提出了明确要求。如《城镇污水处理厂污染物排放标准》（GB 18918—2002）提出"排入城镇污水处理厂的工业废水和医院废水，应达到《污水综合排放标准》（GB 8978—1996）、相关行业的国家排放标准、地方排放标准的相应限值要求"；《排污许可证申请与核发技术规范 水处理（试行）》（HJ 978—2018）提出"严格限制含有毒有害污染物和重金属的工业废水进入城镇污水处理厂。对接纳含有毒有害污染物和重金属的工业废水的城镇污水处理厂，接纳的工业废水需满足相应的行业污染物排放标准后方可与生活污水进行混合处理"。

各工业园区在实际运行中，除各工业企业应严格按有关要求对工业废水进行预处理达到相关限值要求，特别是避免有毒有害污染物进入城镇污水处理厂以外，接收工业园区工业废水的城镇污水处理厂也应根据园区企业污染物特征，进行针对性的改造，以应对工业废水对生物处理系统的冲击风险。根据来水水质特征，改造策略主要有以下 3 种情形。

1. 工业企业预处理尾水各项污染物浓度可稳定达到直排指标

工业园区内各企业管理规范、技术能力较强，产生的废水经企业端预处理后，废水中各项污染物指标均达到《污水综合排放标准》中直接排放标准、地方性直接排放标准或行业直接排放标准后，接入城镇污水处理厂。在此情形中，工业废水污染物浓度基本已达到直排水平，城镇污水处理厂的常规处理工艺处理效能较低，接入废水量大反而会稀释生物池中的污水，不利于系统运行。

对于无须处理即可达到排放标准的废水，则应在所依托的城镇污水处理厂内独立设置水质水量监测池系统及事故池系统。工业园区尾水首先进入在线水质水量监测池，如水质全面达标，则尾水接入排放系统；如进水水质超标，则由监测池转输至事故池，并停止接纳工业园区转输来水。对于部分特征污染物指标（即难以通过所依托城镇污水处理厂常规工艺有效削减的污染物）不能达到城镇污水处理厂排放标准的，则应独立设置以削减该类污染物为目标的处理系统，且在独立处理系统末端设置水质水量监测池系统及事故池系统，如水质全面达标，则尾水接入排放系统；如水质超标，则由监测池转输至事故池，并停止接纳工业园区转输来水（图 4-1）。

2. 污水可生化性较差或含抑制生物活性物质，可对城镇污水处理厂造成冲击

经调研发现，很多工业园区企业预处理工艺重点针对废水中可生化性较好的污染物，对特征污染物去除效果较差。这些企业尾水可生化性较低，有的还含有生物活性抑制类污染物，甚至可能含有难以通过常规生化工艺有效削减的毒性污染物。对于此类废水，不仅常规处理工艺处理效能较低，且极易对处理系统造成严重干扰。因此，应独立设置以削减目标污染物、降低抑制性、提高可生化性为目标的处理系统。

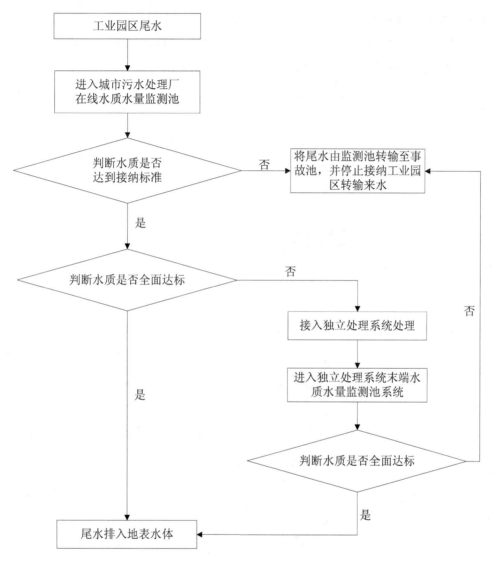

图 4-1　参考工艺流程

在上游存在上述企业时，城镇污水处理厂应补齐应急设施，独立设置水质水量监测池系统及事故（应急）池系统并常备应急物料。工业园区工业废水首先进入在线水质水量监测池，如水质达到收纳标准，则接入独立处理系统进行处置；如进水水质超过收纳标准，则由监测池转输至事故池，并停止收纳工业园区转输来水。废水经独立处理系统（全流程或强化预处理）处理后，需在末端再次设置水质水量监测池系统。如水质全面达标，则尾水接入排放系统；如水质超标，则由监测池转输至事故池，并停止接纳工业园区转输来水（图 4-2）。

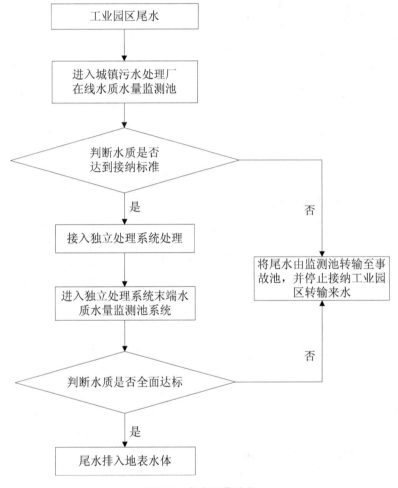

图 4-2　参考工艺流程

3．工业废水可生化性较好，可与生活污水混合处理

工业园区企业预处理后，废水中各项污染物指标均达到间接排放标准，废水可生化性良好，难降解或抑制性污染物含量低。城镇污水处理厂的常规处理工艺

对此类废水具有较好的处理能力，系统基本可以保证稳定运行。

在此情形下，城镇污水处理厂不必单独增加处理单元，但应独立设置水质水量监测池系统及事故池系统。工业园区尾水首先进入在线水质水量监测池，如水质达到接纳标准，则接入与生活污水混合处理；如进水水质超过接纳标准，则由监测池转输至事故池，并停止收纳工业园区转输来水（图4-3）。

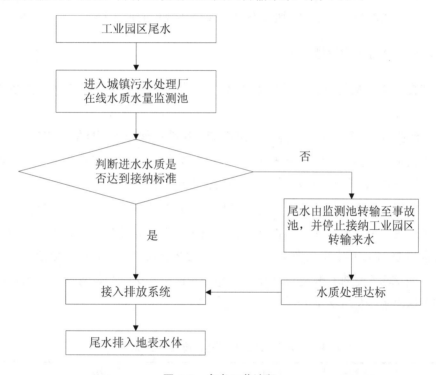

图 4-3　参考工艺流程

（三）工业园区依托城镇污水处理厂处理工业园区废水可行性评估策略

为提升对接纳工业园区工业废水的城镇污水处理厂的精细化管理水平，需找准工业废水处理的关键环节，制订一套科学的评价指标体系，并据此逐项进行调研评估，形成评价意见，确定该城镇污水处理厂的环境风险。

1．评估方法

首先，找准影响工业废水处理实现稳定达标排放的因素，建立包括技术性能、经济性能、环境影响性能和操作管理性能 4 个准则的污染物末端水处理评价因子；其次，根据各地区生态环境特点和污染防治政策要求确定污染物末端水处理技术评价指标体系的权重；最后，通过专家对文档和现场的调研评估，形成评价结论。

2．评价指标的选取

结合废水水质特征及工业污水处理行业的关键技术环节，该评价体系分为三级。

一级指标 4 个：技术性能、经济性能、影响性能和运管性能。二级指标 10 个：①技术性能指标下设工艺先进性、工艺成熟性、工艺稳定性 3 个二级指标；②经济性能指标下设建设费用、运行费用、占地面积 3 个二级指标，其中重点考虑运行费用；③影响性能指标下设受环境影响和对环境影响 2 个二级指标，其中重点考虑受环境影响；④运管性能指标下设运维人员、设施运行 2 个二级指标。三级指标 28 个：其中重点考虑"一企一管"设置情况、园区企业事故池应急处理能力、城镇污水处理厂预处理和尾水应急处理能力、废水生物毒性、出水特征污染物占标率等指标（表 4-1）。

表 4-1　城镇污水处理厂达标排放评价指标体系

	一级指标	二级指标	三级指标
末端集中处理技术评估指标	技术性能	工艺先进性	常规污染物达标率/%
		工艺成熟性	工艺普及度
		工艺稳定性	抗水量变化冲击负荷能力
			抗水质冲击负荷能力
	经济性能	建设费用	吨水建设费用/［万元/（m³·d）］
		运行费用	吨水电耗费用/（元/m³）
			吨水药剂费用/（元/m³）
			吨水副产物处置费用/（元/m³）
		占地面积	吨水占地面积/［m²/（m³·d）］

	一级指标	二级指标	三级指标
末端集中处理技术评估指标	影响性能	受环境影响	污水分类收集情况
			企业初期雨水收集与输送进水
			进水 B/C 比（可生化性）
			出水特征污染物占标率/%
			废水生物毒性
			园区企业事故池应急处理能力
			城镇污水处理厂事故池应急处理能力
			城镇污水处理厂预处理和尾水应急处理能力
			废水调节设施完善程度
			排水水质监测能力
		对环境影响	出水特征污染物占标率/%
			臭气影响程度
			噪声影响程度
			处理及存储设施事故对环境安全影响
			污泥产率
			剩余污泥常规处理处置的安全性
	运管性能	运维人员	人员专业化程度要求
		设施运行	设备完好率/%
			智能化程度

四、关于加强工业园区依托城镇污水处理厂环境监管的政策建议

（一）编制工业园区依托城镇污水处理厂处理工业废水技术指导性文件

我国依托城镇污水处理厂处理工业废水的工业园区数量较多，仅省级以上的达 1 000 余家。为有效降低城镇污水处理厂接纳园区工业废水的环境风险，建议由相关主管部门组织研究编制工业园区依托城镇污水处理厂收集、处理工业废水的技术指南，明确不同类型工业废水在接入城镇污水处理厂时的技术评估和整改

要点，提出特征污染物去除率等指标，指导各地生态环境部门加强对此类污水处理厂的监管力度。

（二）强化长江经济带各园区依托城镇污水处理厂处理工业废水评估

督促长江经济带各有关园区落实《长江保护带工业园区水污染整治专项行动》有关要求，评估依托城镇生活污水处理设施处理园区工业废水对出水的影响，形成"一厂一报告"，限期报送至生态环境部及各级生态环境主管部门，并通过媒体通报、现场督导、纳入中央生态环境保护督察等形式传导压力，督促其按期完成任务。

（三）开展典型案例征集，树立示范标杆

近年来，随着我国生态文明建设的持续推进，各地政府生态环保意识不断提高。很多地区引入优质环保企业，采用第三方治理的模式解决区域水污染防治问题，规划建设了一批适用于处理城镇生活污水和工业废水的综合性污水处理厂，并针对上游园区废水特点探索了多元化的实用技术路线。因此，建议由生态环境部组织征集一批工业园区污水处理示范案例，总结不同类型工业园区污水集中处理厂运营经验，推广含特征污染物特别是含毒性物质工业废水最佳解决方案。

第五章

工业园区初期污染雨水治理①

一、工业园区初期污染雨水的基本定义和水质污染特征分析

（一）初期雨水基本定义

初期雨水被普遍认为是降雨初期造成冲刷效应的径流雨水，但国内外对初期雨水尚无统一的确切定义，国外研究认为 1 h 雨量达到 12.7 mm 的降雨能冲刷掉90%以上的地表污染物。

同济大学对上海芙蓉江、水城路等地区的雨水地面径流研究表明，在降雨量达到 10 mm 时，径流水质已基本稳定；国内一般认为降雨量为 6～8 mm 可控制60%～80%的污染量。《室外排水设计规范》（GB 50014—2006）认为径流污染控制的雨水调蓄可取 4～8 mm 降雨量；但新修订的《室外排水设计标准》（GB 50014—2021）中取消了具体数据，采用了按当地相关规划确定调蓄量的模

---

① 本章作者：费伟良、唐艳冬、张晓岚、杨铭、马文臣。

糊表述。《城镇雨水调蓄工程技术规范》（GB 51174—2017）要求，当无资料时，初期雨水屋面弃流量可为 2～3 mm，地面弃流量可为 4～8 mm。《哥伦比亚特区雨水管理手册》（2020 年 1 月修订版）要求，初期雨水为降雨前 0.02～0.06 inch（5.08～15.24 mm）的径流。云南省地方标准《高原湖泊城市河道初期雨水拦截技术规范》（DB 53/T 950—2019）则定义初期雨水为降雨初期 15～30 min 内的雨水及其形成的径流。在我国，各地区差异较大，宜根据某地区降雨过程曲线和以往的降雨水质监测数据，得出符合该地区情况的初期雨水界定值。

在工业园区方面，对初期雨水的收集与处理主要参照化工企业（或项目）标准，根据《化工建设项目环境保护设计标准》（GB/T 50483—2019）、《石油化工污水处理设计规范》（GB 50747—2012）和《化学工业污水处理与回用设计规范》（GB 50684—2011），初期污染雨水定义为可能受物料污染的污染区地面的初期雨水。污染区域降雨初期产生的雨水，宜取一次降雨初期 15～30 min 雨量，或降雨初期 20～30 mm 厚度的雨量。初期污染雨水调蓄池的有效容积（m^3）按污染面积与初期雨水降雨深度（宜取 20～30 mm）的乘积，或污染面积与降雨强度、降雨初期历时（宜取 15～30 min）的乘积计算。初期污染雨水设施处理能力（m^3/h）按初期雨水调蓄池容积除以排空时间（宜小于 120 h）确定。

（二）初期雨水水质污染特征

通常来说，降雨所形成的危害主要为两个方面：一是空气中包含的很多酸性气体、工业废气以及汽车尾气等遇到降雨，导致空气中的有害物质在雨中溶解，进而降落到地面上；二是地面上散落的各种物料、灰尘、垃圾、水泥或者建筑铁锈等受到雨水侵蚀形成径流污染。国内外的资料显示，污染物会集中在初期的几毫米雨水中，降雨污染最严重的就是初期雨水径流，一些污染物的浓度甚至高出工业污水纳管的水质要求浓度。地面径流雨水中污染物的性质与企业的性质密切相关，由于工业园区内企业类型复杂，可能包含石油化工、煤化工、精细化工（医药）等，其原材料、产品、副产品以及产生的"三废"等都会对环境产生严重危害，污染覆盖面广，污染物类型种类繁多、成分复杂、毒性大、具有生态风险，石油类、重金属类等污染物浓度较高，所以需高度重视工业园区初期污染雨水管控工作。

二、我国工业园区初期雨水污染管控政策要求

我国已陆续出台了涉及工业园区初期雨水污染管控的相关政策文件。2012年环境保护部发布了《关于加强化工园区环境保护工作的意见》，对化工园区内的水污染防控和管理在硬件设施和管理管控方面均提出了相应要求，要求实现"清污分流，雨污分流"。2015年发布的《水污染防治行动计划》也明确提出控制初期雨水径流污染，推进初期雨水收集、处理和资源化利用。但是，目前国内仍缺乏针对性的工业园区初期雨水污染管控的系统标准，需参考多项相关国家标准或行业标准（表5-1）。由于不同专业部门编写的标准基于不同专业背景和角度，不同相关标准中初期雨水的定义、计算方式、管理侧重点存在差异。

表5-1　工业园区初期雨水污染管控相关标准

标准名称	工业园区初期雨水污染管控相关内容
《石油化工企业给水排水系统设计规范》（SH 3015—2003）	污染雨水调节池设计：降雨量15～30 mm与污染区面积的乘积
《室外排水设计规范》（GB 50014—2006）	工业区内经常受到有害物质污染的场地雨水，应经预处理达到相应标准后才能排入排水管道
《化工建设项目环境保护设计规范》（GB 50483—2009）	化工建设项目的排水应包括生产废水（含初期雨水）、生活污水、清洁下水、雨排水
《石油化工污水处理设计规范》（GB 50747—2012）	污染雨水储存设施的容积宜按污染区面积与降雨深度的乘积计算
《石油化工工厂布置设计规范》（GB 50984—2014）	厂区应有完整和有组织的排雨水系统，在不形成地面径流的场地可不设置排雨水系统。 厂区排雨水系统应结合总平面布置、竖向布置、道路形式以及功能分区的划分进行设置，排雨水方式的选择有相应的规定
《建筑与工业给水排水系统安全评价标准》（GB/T 51188—2016）	经常受到有毒有害物质污染的场地，其初期雨水不得排入自然水体，应收集集中处理。 工业企业排水系统应采用雨污分流制，且应收集处理含有有毒有害物质的初期弃流雨水；当向水体或城市雨水管道排放雨水时，应设雨水水质监控设施；采取将弃流雨水与后续雨水有效分割的措施。 在雨污分流制的场所，污废水不得进入雨水排水系统。雨水集水井应设置"禁止倾倒垃圾、污废水"的标识
《事故状态下水体污染的预防与控制技术要求》（Q/SY 1190—2013）	发生事故时可能进入该收集系统的降雨量按必须进入事故废水收集系统的雨水汇水面积与降雨强度的乘积计算

部分省（市）针对工业园区环境管理也发布了相应政策或规范（表 5-2），从不同层面对工业园区初期雨水污染管控进行规范约束或明确其管控目标。

表 5-2　我国部分省市工业园区初期雨水污染管控政策规范

政策规范名称	适用对象	主要内容
《上海市关于加强化工产业园区环境保护工作的实施意见》（沪环保评〔2013〕26 号）	化工园区	园区污水集中处理；雨污分流；雨水口应安装闸门；流量计和 pH 计等在线监测设施；雨污水管网维护管理，定期检漏
浙江省《关于高标准打好污染防治攻坚战高质量建设美丽浙江的意见》	城镇小区、工业园区、工业企业	加强城市初期雨水收集处理；加大污水处理设施配套管网建设力度；缺水地区重点推进污水再生水利用；到 2020 年，全省设区城市再生水利用率达到 15%以上
《江苏省化工园区环境保护体系建设规范（试行）》	化工园区	清下水（雨）排放口按规范设置并达到应急防范措施要求；建设应急事故水池，容量满足初期雨水、消防水收集需求；建设废水预处理设施
江苏省《关于切实加强化工园区（集中区）环境保护工作的通知》（苏政办发〔2011〕108 号）	化工园区	"清污分流、雨污分流"等，与《关于加强化工园区环境保护工作的意见》一致
《宁波杭州湾新区企业内部雨污分流改造技术规范（试行）》	化工园区	从雨水处理系统等管网需求、管道设施建设和排放要求、监测监管及验收标准等方面进行详细规范
浙江省"污水零直排"建设	企业内部、工业园区	2018 年浙江省开启了以抓截污治本为核心的"污水零直排区"建设，并作为十大专项行动之一大力推进，要求全省重点园区于 2022 年年底前全面完成创建。 要求深入开展企业内部和工业园区的雨污分流改造，做到厂区可能受污染的初期雨水、工业废水、生活餐饮污水的清污分流和分质分流，有污染的区块必须建立初期雨水收集池，受污染的初期雨水处理达标后排放或纳入市政污水管网，深入推进化工、电镀、造纸、印染、制革等重点行业废水输送明管化改造。 建议有关工业园区初期雨水池设计参照《石油化工污水处理设计规范》（GB 50747—2012）、《化学工业污水处理与回用设计规范》（GB 50684—2011）等，并推荐安装阀门自动切换系统。要求工业园区雨水总排口安装在线监测监控设备，鼓励重污染行业企业雨水排口安装在线监测监控设备，设备与园区数字监控平台和生态环境部门联网，要求相关园区建立企业初期雨水分时段输送管控机制，防止集中排放对集中式污水处理设施的冲击

三、部分重点行业初期雨水污染管控现状

（一）化工行业初期雨水污染管控现状

化工企业/园区初期雨水收集点位多、污染程度不一，需分区收集；收集管网和阀门根据水质不同需要选择不同材质；治理工艺相对复杂；收集和治理投资较高。

化工行业初期雨水污染管控技术规范体系相较其他行业比较全面。国家和上海、浙江、江苏等省（区、市）均出台了化工园区环境管理的相关指导文件。同时，行业上也发布了《石油化工给水排水系统设计规范》、《化工建设项目环境保护设计标准》、《石油化工污水处理设计规范》和《化学工业污水处理与回用设计规范》等。

（二）"三磷"行业初期雨水污染管控现状

"三磷"行业生产企业多为粗放式生产，产品吸湿性强、黏度大，物料"跑、冒、滴、漏"且灰尘散落地面后不易清除干净，长期累积，形成大量含物料泥状物，造成初期雨水中磷、氟化物或氮磷浓度严重超标，需要进行严格处理。

《硫酸、磷肥生产污水处理设计规范》（GB 50963—2014）仅要求收集酸性污染区域的初期雨水。管理措施主要为初期雨水流排入雨水收集池后，用泵提升至污水处理厂处理。同时，针对雨季污染雨水设置相应的应急储存设施。《磷化工固体废物堆场设计与施工技术标准》正在征求意见中，目前执行《一般工业固体废物贮存、处置场污染控制标准》（GB 18599—2001）相关要求。上述规范和标准难以满足磷化工行业初期雨水复杂的污染防治要求。

（三）有色金属行业初期雨水污染管控现状

有色金属行业初期雨水收集范围一般仅考虑生产区域，如矿物储存、破碎、干燥、熔炼，制酸和废酸废水处理，烟尘处理等区域，初期雨水污染管控精细化程度不高。

《有色金属工业环境保护工程设计规范》（GB 50988—2014）要求初期雨水收集池容积应按可能产生污染的区域面积和降水量计算确定。针对初期雨水降水量，重有色金属冶炼、加工、再生企业按 15 mm 计算，轻金属冶炼或加工企业按 10 mm 计算，稀有金属及产品制备企业按 10～15 mm 计算；收集的初期雨水宜在 5 日内全部利用或处理；初期雨水池应设置清淤设施。部分地区对有色金属行业初期雨水污染管控要求更加严格，如广西壮族自治区要求重金属企业对初期雨水收集处理按 40 mm 降雨量计算；浙江省要求金属表面处理、有色金属等行业初期雨水应纳入相应的废水处理设施后全部回用。

（四）电镀行业初期雨水污染管控现状

电镀属于污染较为严重的行业，且废水污染源和污染因子复杂。电镀行业产生的废水包括前处理工序废水、酸碱废水、电镀清洗废水、地面冲洗水、生活污水、初期雨水等，主要污染物包括 COD、SS、石油类、总锌、总铜、总氰化物、总银、总铬、总镍等。

《电镀废水治理设计规范》（GB 50136—2011）中没有提及初期雨水的收集和处理相关要求。浙江省要求电镀企业雨水口需安装水质监控设备并要求雨水回用。江苏省对苏中、苏北的电镀行业开展了专项整治，要求电镀企业实行雨污分流，厂区雨水管线设置清晰，初期雨水收集池规范，满足初期雨量的容积要求；初期雨水按规定进行处理；雨水排放口设置 pH 在线监控设备，并与生态环境部门联网。

四、我国工业园区初期雨水污染管控存在的问题

（一）管理制度不健全

国内系统性、针对性地对初期雨水径流污染管控提出相应具体要求的规范文件较少，目前仅有云南省地方标准《高原湖泊城市河道初期雨水拦截技术规范》专门针对初期雨水形成了技术规范，故亟待完善针对工业园区初期雨水污染管控的政策管理体系。

（二）管控技术标准不规范

由于国内初期雨水污染管控研究多集中在初期雨水中污染物质变化机理和相关性的研究，缺乏以实际监测排放数据为基础的雨水污染特征和风险管控的系统研究，导致目前出台的相关规范和标准中初期雨水的定义和计算方式不统一，致使工业园区在实际管理中存在可执行标准不明确或术语解读不一的现象。

（三）雨污未分，存在隐患

我国工业园区绝大多数企业将初期雨水收集后输送至污水处理设施进行集中处理，清洁雨水纳管排放至园区附近水体。但是，由于工业园区企业在初期雨水风险认识、污染防控水平方面存在差异，部分企业在初期雨水收集池设置、初期雨水和清洁雨水的切换管理、雨排口及截止阀等设施布置等方面的经验比较欠缺，存在初期雨水污染风险。特别是化工、"三磷"、有色金属、表面处理（含电镀）等重污染行业初期雨水污染管控形势总体较为严峻。

五、发达国家初期雨水污染管控经验

（一）美国初期雨水污染管控经验

美国注重初期雨水污染源头控制，通过雨水排放许可证制度和雨水径流减排技术导则等制度文件，确保对初期雨水污染的预防、管控以及清洁水的利用等。

1．雨水排放许可证制度

雨水排放许可证制度是美国初期雨水污染管控的重要手段。20 世纪 90 年代，美国联邦及各州政府协同制定了国家污染物排放削减制度（NPDES），利用 NPDES 许可证来管理雨水排放。

（1）雨水排放许可证类别

NPDES 雨水排放许可证包括一般许可证和个别许可证两种形式，主要根据雨水排放场地的特点、工业或建筑活动性质、受纳水体要求水质等因素分为市政分流制雨水排放许可证、建筑工地雨水排放许可证、工业区雨水排放许可证、沙砾厂雨水排放许可证、船舶厂雨水排放许可证等，并在每种许可证中对指标的控制做出了详细的规定。与特定类别的工业活动有关的雨水排放必须在 NPDES 雨水排放许可证范围内，美国工业区雨水排放许可证列出了 33 项需要申请排放许可证的工业类型，各州环保局可根据各自产业的差异进行划定，包括港口码头、船舶企业、金属加工等重工业、危废储存与处理、垃圾填埋场、发电厂、生活污水处理厂、金属回收、烟草生产、矿物开采、造纸、电子加工、混凝土搅拌站（水泥厂）等。

（2）雨水排放许可证主要内容

NPDES 雨水排放许可证的主要内容包括企业类型、申请要求、污染物排放指标、监测要求、处理设施的种类和能力、数据上报要求和文件管理要求、固体废物管理要求、费用申请、非常规排放管理要求、生物毒性监测要求、终止许可证要求、监测实验室资格证明、排口编号名称位置等。申请工业区雨水排放许可证通常需要制订并定期更新针对场地情况的雨水径流污染防治计划，包括径流污染管控措施的检查、清洁、取样、维护、资料保管、上报与人员培训等具体要求。

（3）雨水排放许可证申报要求和流程

1987 年，美国国家环境保护局（USEPA）制订了"雨水污染控制方案"，分两个阶段执行：第一阶段从 1992 年 10 月开始生效，要求对所有工业活动区，包括建筑活动区大于 2 hm² 和人口超过 10 万人的地区的雨水排放进行污染控制；第二阶段从 2003 年 3 月开始实施，要求在人口多于 5 万人或人口密度大于 3.86 人/hm² 的城市地区和其他人口聚集超过 1 万人的居住中心进行雨水污染的控制，并且对面积大于 0.4 hm² 的工业活动和建筑活动区进行雨水的污染控制。根据《联邦清洁水法》（CWA），在 USEPA 的指导下，NPDES 雨水排放许可证的审批由州以下地方政府完成。纽约市雨水许可证提交、审查和批准流程如图 5-1 所示。

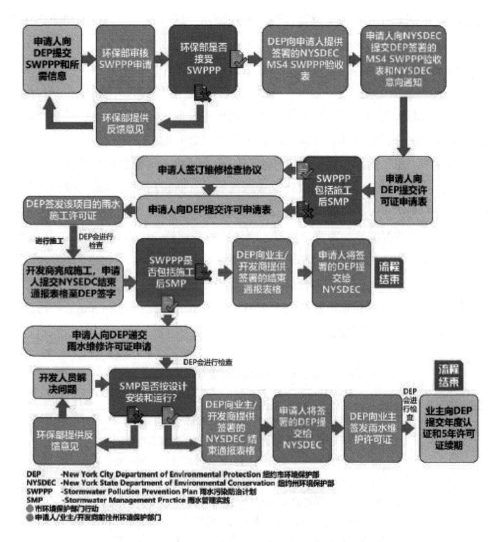

图 5-1　纽约市雨水排放许可证提交、审查和批准流程

2．雨水径流减排技术导则

2009 年，USEPA 颁布了《雨水径流减排技术导则》，适用范围是占地面积超过 5 000 平方英尺（465 m²）新建或改建联邦项目，要求截留 95%降雨场地的雨水，以及进行源头污染控制。该导则指出，应因地制宜地选择 GI（绿色基础设施）

或 LID（低影响开发）设施渗透、积蓄利用雨水，通过源头滞蓄技术和净化技术实现径流减排目标。通过雨水排放许可证制度细化污染物的认定、初期雨水量的精确测算、治理措施和污染监控，确保对初期雨水污染的预防、管控以及清洁水的利用等。雨水污染控制理念由"排放"转变为调节、滞留、净化以恢复自然水文循环。从源头利用小型、分散措施恢复场地开发前水文循环，更加经济、高效地解决径流污染、径流体积和雨污溢流污染等综合问题。

该导则提出了雨水污染控制最佳管理措施（BMPs），包括源头管控，防止雨水径流进入施工场地，防止雨水径流接触污染物（防止污染物与地面接触、防止污染物溢流到雨水），以及采用物理、生物和化学的方法对雨水径流中的污染物进行去除（包括沉淀池、旋流分离器、固体颗粒截留器、过滤式集水井、存蓄池、渗透池和渗透沟、生态过滤带和过滤沟、雨水花园、砂滤池、人工湿地等）。美国各州对雨水水质的控制标准分分两类：一类是控制初期雨水量；另一类是控制污染物的去除效率。初期雨水控制量是 0.5～1.0 inch（12.7～25.4 mm），污染物去除效率一般要求悬浮物去除率大于 80%（表 5-3）。

表 5-3　美国雨水污染控制最佳管理措施（BMPs）

措施名称	主要做法	技术特点
源头管控	定期进行场地的吸尘或清扫,工业原料/肥料的存储清洁管理,化学品罐区的清洁管理(如安全围堰和雨棚),雨水井的维护（如定期清理和更换渗滤袋），减少垃圾的丢弃，垃圾的妥善室外存放，水环境友好的建筑材料应用，有效的灌溉方式，控制绿化中化肥的使用，推广低影响开发，防土壤流失的斜坡保护，修建绿色屋顶，设置分散型的生态存蓄池、渗透井、渗透型路面等	可有效控制雨水污染的产生，不能完全消除影响
生态过滤沟或生态过滤带（被动处理设备）	通过在路边的排水沟中种植合适的植被，在雨水缓流过程中，垃圾和大颗粒物被植被过滤截留，有效去除悬浮物和吸附在悬浮物上的重金属，部分雨水渗入土壤，污染物被土壤吸附。雨水径流通过层流流经生态过滤带，而生态过滤沟可接受从不同排放点集中流入的雨水。储水深度不大于 25 cm	要保证对污染物的有效去除，要求雨水流经的水力停留时间不小于 5 min；通过的雨水流速不能超过 1.2 m/s

措施名称	主要做法	技术特点
渗透池和渗透沟（被动处理设备）	该方法无外排雨水，通过土壤的渗透过滤作用将雨水中的各种污染物完全去除。土壤渗透率大于 1.25 cm/h，土壤中的黏土量不能超过 30%（质量分数），池底到历史最高地下水水位的距离不小于 3 m，建设地块坡度不能大于 15%，距离建构筑物和挡土墙等需大于 10 m 等	是对雨水中污染物去除最有效的方式，但受到土壤渗透性、土壤类型等很多条件的限制
沉淀池（被动处理设备）	可有效去除垃圾和大颗粒物，为避免影响美观，一般建在地下，采用 HEPD 管或钢筋混凝土构筑物，排空时间控制在 48～72 h，过低影响沉淀效果，过高滋生蚊虫	对溶解态污染物没有效果
雨水花园和人工湿地（被动处理设备）	可有效去除颗粒物和溶解性污染物，人工湿地深度一般不超过 1.2 m	污染物去除比较彻底
过滤式集水井（被动处理设备）	在集水井中设置篮式格栅，可截留垃圾和大颗粒物；如增加篮式过滤器，滤料可吸附或截留小颗粒物和油污；属于简易设施	安装维护简单，暴雨时会造成排水不畅，阻碍排洪
旋流分离器、固体颗粒截留器（被动处理设备）	可安装在雨水排水口，截留垃圾和大颗粒物；属于简易设施	安装简单，应用灵活；暴雨时会造成排水不畅，阻碍排洪
存蓄池（被动处理设备）	水量调蓄，污染物沉淀截留，存蓄池池深一般不超过 2.4 m	对溶解态污染物没有效果
砂滤池或增强型砂滤器或壳聚糖吸附砂滤器（主动处理设备）	雨水砂滤池由沉淀区和过滤区两部分组成，沉淀区去除雨水中的垃圾和大颗粒物，过滤区采用总厚度为 0.8 m 的双层砂滤床，去除雨水中的小颗粒物；如果采用吸附型滤料（如壳聚糖滤料），则可去除溶解态的重金属；适合雨水径流面积较小的区域应用，一般采用撬装式设备	可有效去除颗粒物及所吸附污染物，出水水质较好；缺点是造价高，滤料更换较频繁
电絮凝反应器（主动处理设备）	采用电絮凝反应沉淀池，去除胶体态或溶解态的污染物，彻底消除污染，一般采用撬装式设备	设备造价高，一般约为 100 万美元/套

（二）德国初期雨水污染管控经验

德国注重不同汇水面雨水分类收集处理。德国水、废水和固体废弃物协会（ATV）在 2002 年推出了《ATV-DVWH-A 138 工作手册》，对由不同汇水面造成的污染程度作了定性的划分，形成了相应的水质类型分类：轻度污染、中度污染、重度污染（表5-4）。轻度污染径流不会对环境造成损害的，可不进行预处理便进行下渗；中度污染径流需经单独的预处理或下渗设施处理后方被允许渗透到地下（如多级过滤设备、沉淀池+活性炭过滤器、氢氧化铁和石灰颗粒过滤装置、人造地表系统等）；重度污染的径流则必须排放到管道系统做进一步处理或经完善的预处理设施处理后（如旋流分离器、生态湿地、生化反应器等）才被允许渗透到地下。工作手册还要求工业区必须在规划、建设、改造时考虑雨水污染的控制、治理和利用。

表 5-4　工业区不同汇水面的径流水质分类

汇水面类型	径流水质	
	无预处理	有预处理
绿化屋面、绿地；混合区（对比于居住区，如办公区）的屋面和露台；步行路面	轻度污染	轻度污染
不带金属覆盖层的屋面；使用频率较低的轿车停车场（如职工用停车场）；一般货物（不影响水质）的中转运输停车场；有金属覆盖层的屋面	中度污染	轻度污染
高使用率的轿车停车场（如大型停车场）；高负荷的机动车进、出路口；货车停车场；无顶棚的一般货物（不影响水质）堆放或转运地；由不透水地面组成的站台	重度污染	中度污染
露天生产场地、大型牲畜集散地；无顶棚的有害货物（影响水质）堆放地或转运地；特别物品集散地（如工业废料或副产品集散地）	重度污染	重度污染

（三）其他发达国家初期雨水污染管控经验

英国、澳大利亚主要基于雨水的利用来控制和治理雨水的污染。

英国在2013年提出了可持续城市排水系统（SUDS），英国建筑业研究和信息协会（CIRIA）制定了一系列SUDS指导手册，阐释了SUDS控制地表径流的流量、净化水质、提升环境舒适度和丰富生物多样性的目标，结合景观项目进行雨水的收集、净化和利用。英国因基本上已没有工业区，主要在城市推广绿色屋面技术（在日本为"空中花园"雨水浇灌系统），该系统采用"高花坛+低绿地+

浅沟渗渠渗透"相组合处理初期雨水，用于浇灌、冲厕、洗衣、循环冷却水补水等资源化利用。

澳大利亚雨水收集与回用指南中，对雨水收集、回用和处理均提出了具体要求。雨水收集倡导利用"水敏感城市设计"（WSUD）收集处理系统与快速收集雨水口，通过雨水源头控制，减少暴雨径流。雨水回用和处理重视污染物重要性排序。雨水回用主要关注公众健康，各污染物指标的重要性从高到低依次为粪便病原体、微生物、重金属、烃类污染物、营养物质、固体沉积物、需氧量、污染物总量；雨水处理则主要关注环境保护，各污染物指标的重要性从高到低依次为营养物质、重金属、固体沉积物、需氧量、烃类污染物、微生物、污染物总量、粪便病原体。雨水调蓄存储方面仅明确了雨水调蓄体积计算方法和雨水调蓄设施各部分组成，在初期雨水界定及水质污染特征方面尚无具体规定。

六、我国工业园区初期雨水污染管控对策与建议

（一）完善初期雨水污染管控技术规范

综合考虑工业园区地域分布、产业类别、管控标准等因素，分区域、分园区类别制定相关技术规范、标准，明确初期雨水收集范围、收集时间、处理方法、控制方式、处理去向等，规范初期雨水的收集、处理和回用。

（二）加强初期雨水收集处理能力建设

加强对初期雨水的综合处理和利用，对降低径流污染、补充河道清洁水源、缓解水资源紧张和改善区域环境具有重要的现实意义。建议完善初期雨水的收集和处理设施。根据工业园区和企业类型划分污染区等级，针对不同污染区，合理建设雨水收集围堰、收集池、治理设施和应急处理设施等；推广初期雨水收集自动切换设备。传统的初期雨水与清净雨水人工切换模式存在一定的不定性和随机性，建议园区或入园企业根据自身的特点，选取监测指标（如 pH、COD_{Cr}、TDS、色度等），自动切换初期雨水到雨水收集池；完善园区雨水排口在线监控体系。

规范雨污排水标准，建立运维保障制度，确保在线监测装置的正常运行和监测数据的准确有效，以更好地实现在线监测的风险预警功能。

（三）尝试建立雨水排放许可制度

选取代表性工业园区深入研究雨水径流特征积累数据，并进行雨水排放许可标准试点，根据数据分析结果合理设置雨水排放许可标准并进行调整完善。建立科学性与可行性兼具的指导性规范和标准，为今后全面实施雨水排放许可制度提供科学依据和支撑。

第六章
工业园区污水处理行业
减污降碳路径^①

一、污水处理行业的节能降碳政策

  全球变暖导致极端天气事件频发、生态系统退化是人类当今面临的挑战之一。在这样的背景下，国际社会积极采取行动，应对气候变化。2020 年 12 月 12 日，中华人民共和国国家主席习近平在纪念《巴黎协定》签订 5 周年的气候雄心峰会上发表题为"继往开来，开启全球应对气候变化新征程"的重要讲话，承诺"到 2030 年，中国单位国内生产总值二氧化碳排放将比 2005 年下降 65% 以上"，努力争取 2060 年前实现"碳中和"。这是中国致力于自身生态文明建设的战略举措，也是中国愿为人类社会发展做出新贡献的重大宣示。

  要实现这一目标，需要每个行业都积极行动以降低碳排放。以国家经开区、

---

① 本章作者：杨铭、费伟良、唐艳冬、张晓岚、王洪臣。

国家高新区为代表的国家级工业园区是区域经济发展的重要引擎，应率先将"低碳"贯穿到园区经济发展理念、发展方式、产业结构、增长动力、效益评价等各个方面和环节中。污水处理作为重要的碳排放行业之一，亟须系统全面地开展碳减排工作。一方面，近年来由于我国工业化进程的加速，相对于市政污水，各类园区污水成分复杂，污染物浓度高，并含有各类难降解、难处理的污染成分，使当前工业园区污水减污降碳处理成为高能耗行业，高能耗将导致大量间接碳排放；另一方面，污水处理过程中会产生并逸散大量 CH_4 和 N_2O，据 USEPA 预测，到 2030 年，全球污水处理 CH_4 和 N_2O 逸散量将分别超过 6 亿 t 二氧化碳当量和 1 亿 t 二氧化碳当量，是重要的碳排放源，约占非二氧化碳总排放量的 4.5%，园区污水处理厂的直接碳排放量也不容忽视。由此可见，在国家园区开展污水集中处理设施减污降碳工作大有可为也必将大有作为。

近年来，我国一直在开展污水处理节能降碳行动。2020 年以来，多次召开污水资源化相关会议并先后发布多项政策，推动污水处理行业低碳发展。国家及部委层面出台的主要相关政策如下所述。

《中华人民共和国国民经济和社会发展第十四个五年规划和 2035 年远景目标纲要》（以下简称"十四五"规划）从全国层面进行规划，提出"十四五"期间单位国内生产总值能源消耗和二氧化碳排放分别降低 13.5% 和 18%，森林覆盖率提高到 24.1% 的总目标。为我国未来 5～15 年的发展描绘出了宏伟蓝图。"十四五"时期，低碳转型将朝着"更快、更准、更全"的方向持续发力，步伐持续加快，政策更加聚焦，保障更加充分，引领经济高质量发展。

2020 年 7 月，国家发展改革委、住房和城乡建设部印发《城镇生活污水处理设施补短板强弱项实施方案》，指出缺水地区和水环境敏感地区要结合水资源禀赋、水环境保护目标和技术经济条件，重点提出在国家园区开展污水处理厂升级改造，积极推进污水资源化利用，推广再生水用于市政杂用水、工业用水和生态补水。

2020 年 12 月，生态环境部发布《碳排放权交易管理办法（试行）》（以下简称《管理办法》）。《管理办法》的出台标志着全国碳市场启动所需的必要条件已经具备。作为部门规章的《管理办法》可以指导全国碳市场建设工作，对全国碳市场进行交易的各项准备工作作出部署，保障交易活动顺利开展，有效促进全国碳市场建设与运行各项工作的推进，国家工业园区作为重要的碳排放地，在碳交易中将会成为"主角"之一。

2021 年 1 月，国家发展改革委、生态环境部等十部门联合印发了《关于推进污水资源化利用的指导意见》，明确提出在国家园区等地区系统开展废水资源化利用，以缺水地区和水环境敏感地区为重点，以城市生活污水资源化利用为突破口，以工业利用和生态补水为主要途径，推动我国废水资源化利用的优质发展。

2021 年 2 月，国务院印发《关于加快建立健全绿色低碳循环发展经济体系的指导意见》，提出"建立健全绿色低碳循环发展经济体系，促进经济社会发展全面绿色转型，是解决我国资源环境生态问题的基础之策"。明确"到 2025 年，产业结构、能源结构、运输结构明显优化，绿色产业比重显著提升，基础设施绿色化水平不断提高，清洁生产水平持续提高，生产生活方式绿色转型成效显著，能源资源配置更加合理、利用效率大幅提高，主要污染物排放总量持续减少，碳排放强度明显降低，生态环境持续改善，市场导向的绿色技术创新体系更加完善，法律法规政策体系更加有效，绿色低碳循环发展的生产体系、流通体系、消费体系初步形成。到 2035 年，绿色发展内生动力显著增强，绿色产业规模迈上新台阶，重点行业、重点产品能源资源利用效率达到国际先进水平，广泛形成绿色生产生活方式，碳排放达峰后稳中有降，生态环境根本好转，美丽中国建设目标基本实现"。

2021 年 5 月，生态环境部发布《碳排放权登记管理规则（试行）》《碳排放权交易管理规则（试行）》和《碳排放权结算管理规则（试行）》，进一步规范全国碳排放权登记、交易、结算活动，保护全国碳排放权交易市场各参与方的合法权益。

2021 年 6 月，国家发展改革委、住房和城乡建设部印发《"十四五"城镇污水处理及资源化利用发展规划》（以下简称《规划》），《规划》注重推进污水资源化利用，对再生水利用提出了更高目标，为国家级工业园区污水处理的开展指明了方向。"十四五"期间，再生水生产能力不少于 1 500 万 m^3/d，相比于《"十三五"全国城镇污水处理及再生利用设施建设规划》整体提高了约 5 个百分点；同时，《规划》系统提出了加强再生利用设施建设、推进污水资源化利用的解决措施。技术层面，《规划》充分体现了因地制宜的理念。"缺水城市新建城区要因地制宜提前规划布局再生水管网"；有条件的地区，"因地制宜通过人工湿地、深度净化工程等措施，优化城镇污水处理厂出水水质"。《规划》还在保障措施部分对再生水利用提出了政策指导，"放开再生水政府定价，由再生水供应企业和用户按照优质优价原则自主协商定价"，"鼓励采用政府购买服务方式推动污水资源化利用"，以加强市场在推动污水资源化方面的作用。

政府对国家级工业园区环境保护和污水处理的持续政策支持和投资的推动，有利于加快国家级工业园区实现污水处理行业节能降碳的新发展。目前国家级工业园区污水集中处理设施减污降耗进程仍处于起步阶段，在国家级工业园区污水处理厂温室气体减排策略方面的研究不够深入，基础数据缺乏，监测能力不足。国家级工业园区污水集中处理设施碳减排发展进行了哪些探索？国家级工业园区污水集中处理设施低碳发展潜力与现实问题有哪些？通过哪些路径可以实现国家级工业园区污水集中处理设施碳减排？可以通过对这些问题的梳理与探讨，加深对污水处理过程碳排放的了解，加强对污水处理碳排放的控制，促进国家级工业园区集中污水处理设施节能降耗政策的进一步发展。

二、工业园区污水集中处理设施提标运行碳排放对比分析

国家级工业园区的污水处理厂出水水质由 GB 18918 一级 B 提高至一级 A 是提标改造趋势，污水处理厂提标改造主要有两种途径：一是生物段碳源和除磷药剂投加；二是增加深度处理工艺。虽然污水处理厂出水水质逐步提高，但投入的能耗物耗、设备工程、人工成本逐年增加，也有可能导致碳排放量增加。因此，需要通过计算已有的污水处理厂升级改造后，不同提标改造分项部分碳排放增量贡献值，以及贡献比例，进一步探究污水处理厂提标改造与碳排放之间的关系。

例如，北京某厂提标后，设计处理规模为由提标前 8 万 m^3/d 提升至 12 万 m^3/d，实际处理规模约为 10 万 m^3/d；后期再次提标，出水水质标准由 GB 18918 一级 B 提高至一级 A。污泥无消化过程且经脱水全部填埋处置，污泥含水率为 79%。投加碳源为甲醇，除磷药剂为硫酸铝。

该厂出水水质标准由 GB 18918 二级提标至一级 B 后，碳排放减少量为 199.39 g（CO_2）/m^3，向外界环境中的碳排放量每天减少 19.94 t（CO_2）。出水水质标准由

GB 18918 一级 B 提标至一级 A 后，吨水碳排放增量为 145.33 g（CO_2）/m^3，向外界环境中的碳排放量每天增加 14.53 t（CO_2）。

天津某厂提标后，出水水质标准由 GB 18918 二级标准提高至一级 B，设计处理规模为 45 万 m^3/d，实际处理规模约为 35 万 m^3/d。污泥无消化过程且经脱水全部填埋处置，污泥含水率为 80%。投加碳源为甲醇，除磷药剂为聚合氯化铝。

该厂出水水质标准由 GB 18918 二级提标至一级 B 后，吨水碳排放减少量为 174.34 g（CO_2）/m^3，向外界环境的碳排放量每天减少 61.02 t（CO_2）。

江苏省常州某厂提标后，出水水质标准由 GB 18918 一级 B 提高至一级 A，设计处理规模为 3 万 m^3/d，实际处理规模为 2.85 万 m^3/d。污泥无消化过程且经脱水全部填埋处置，污泥含水率为 79.4%。投加碳源为甲醇，除磷药剂为聚合氯化铝。该厂出水水质标准由 GB 18918 一级 B 提标至一级 A 后，吨水碳排放增量为 22.35 g（CO_2）/m^3，向外界环境中的碳排放量每天增加 0.64 t（CO_2）。

通过对国家级工业园区污水处理厂提标改造后碳排放增加情况进行分析表明，适当提高工业园区污水处理厂出水水质标准将有利于碳减排。但一味地提高出水水质，有可能造成污水处理厂处理污水成本的提高，而且会导致污水处理厂碳排放增加。其中污水处理厂提标改造过程中外加碳源和除磷药剂导致的碳排放增量所占比例达 80%以上。因此，提高工业园区污水处理厂出水水质标准时应因地制宜地科学确定排放标准，不宜采取"一刀切"盲目提标。

三、工业园区污水集中处理设施碳减排路径

在污水处理系统运行过程中，温室气体直接和间接产生的碳排放量大体相当。作为经济社会发展的排头兵，近年来一些国家级工业园区的污水处理厂在可行的条件下先行先试，探索污水处理温室气体直接排放碳减排、间接排放碳减排、能量回收利用等方式实现碳减排，取得了初步成效。

（一）直接排放碳减排

相关研究表明，国家级工业园区产生的污水中，有机物、氮素含量高于一般

水平，因此污水处理中的直接碳排放，成为国家级工业园区减污降碳的关键。污水处理直接碳排放主要为处理过程中在现场直接向大气中排放的 CH_4 和 N_2O。

CH_4 的排放主要源于有机物的厌氧分解。污泥填埋场、化粪池、厌氧水解池，管理不善的初沉池、曝气池和堆肥场都是重要的排放源。污泥焚烧也会产生一定量的 CH_4。另外，污泥处理处置过程中的逸出、沼气系统的泄漏及不完全燃烧也都导致 CH_4 的排放。

N_2O 的排放主要源于氮素的生物转化过程。最初认为生物脱氮系统的反硝化单元是主要的 N_2O，后来发现硝化过程 N_2O 的排放量远高于反硝化排放。在碳减排实践中，污水处理厂出水排入受纳水体后进行的天然硝化反硝化也被认为是重要的排放源。当脱氮效果较差时，受纳水体中的天然硝化反硝化将成为主要的排放源。另外，污泥填埋、土地利用、生物堆肥以及沼气燃烧等过程也存在 N_2O 排放。

国家级工业园区污水集中处理设施可采取以下措施减少温室气体直接排放：一是减少污水处理系统厌氧环境，如逐步取消化粪池、减少管道淤积等；二是将 N_2O 纳入生物处理控制体系；三是提高精细化管理水平，减少直接碳排放量。

（二）间接排放碳减排

国家级工业园区污水处理量大，如果出现设备不匹配、负载不适当、调整不及时等问题，会产生大量的间接碳排放。间接碳排放是指污水处理所消耗的能量和物料的生产过程中在其生产场地发生的碳排放。污水处理消耗的能量包括电耗、燃料、热蒸汽等，主要用于污水和污泥的输送、混合、供氧、污泥脱水等设备运行。消耗的物料包括各种无机或有机化学药剂（如外加碳源、除磷药剂、污泥脱水药剂等）。

污水处理可以通过以下途径间接排放碳减排：一是采用高效机电设备，新建设施直接采购高效设备，已有设施逐步更新成高效设备；二是加强负载管理，在满足工艺要求的前提下使负载降至最低，同时，设备配置要与实际荷载相匹配，避免"大马拉小车"；三是建立需求响应机制，根据实际工况的需求及其变化，动态调整设备的运行状态。

1．采用高效机电设备

国家级工业园区污水处理工作起步较早，现阶段，部分工业园区的污水处理设施出现老化的情况，主要表现为机电设备的老化。污水处理机电设备主要包括水力输送、混合搅拌和鼓风曝气三大类。采用高效电机是这些设备具有较高机械效率的前提，目前污水行业的水力输送和搅拌设备均已经出现具备 IE4 能效水平的高效电机，采用高效电机通常可提高 5%～10%的效率。

水力输送设备的水力端设计是关键，水力端需具备无堵塞、持续高效的特点，无堵塞技术可避免通道容量减少降低效率或长期超负荷运行烧毁电机。持续高效可确保电机长期高效运行，先进的水力端设计可以实现水力输送设备全生命周期节省 7%～25%的能耗，而且介质条件越恶劣，其节能效果越明显。

混合搅拌设备的水力端设计同样关键，采用后掠式叶片设计可以提供额外的自清洁功能，使搅拌器具有良好的抗缠绕性能，从而避免搅拌效率降低甚至烧毁电机的风险。

鼓风曝气包括鼓风机和曝气器两部分。容积式鼓风机虽然购置费用较低，但机械效率很低，应尽量避免采用。单级高速离心式鼓风机效率很高，且技术进步很快，采用空气悬浮或磁悬浮等高速无齿技术，可使电机与风机实现"零摩擦"驱动，实现超高速运行，显著提高机械综合效率及效益。不同材质、不同结构形式的曝气器氧传质性能差别很大，采用抗撕裂、抗老化、寿命长的新型高分子聚氨酯材料以及超微孔结构设计的曝气产品具有充氧性能高、运行稳定和调节品质好的特征。另外，混合曝气、逆流曝气、限制性曝气、全布曝气都是可以采用的高效曝气形式。在进行曝气器数量的选择时应综合考虑水厂水质水量的波动情况和鼓风机性能参数，使其在最优单头通气量范围内工作，也可明显提高充氧性能。

2．加强负载管理

国家级工业园区发展较快，相较于其他区域，污水处理增量多，部分国家级工业园区污水处理设施的负载难以跟上快速增长的污水量，加强负载管理很有必要。污水提升以及污泥回流等单元的水力输送设备常由于流量级配不合理、扬程选择偏大，使设备绝大部分时段在低效工况下运行，应予以改造。

由于担心污泥沉积，混合搅拌设备的设计搅拌功率同样普遍偏大，实际处于过度搅拌状态，导致电耗增加，准确把握搅拌器与介质之间力和能量的传递非常关键，而采用推力作为搅拌器的选型依据（ISO 21630），可以准确衡量实际工况所需搅拌器的大小，有效避免此类电耗的浪费。

随着脱氮除磷要求的日益严格，污水处理过程需要的搅拌器数量越来越多，搅拌器的使用成为不容忽视的耗电环节。当设置潜流推进器时，优化推进器和曝气系统的位置和距离，可以使系统的能量损失最小。当推进器距离上游曝气器不小于1倍水深，并且推进器距离下游曝气器不小于水深和廊道宽度的最大值时，推进器和曝气系统最为稳定，能耗最低。高效的潜水推进器配合好氧池的池型优化设计，可以降低池内阻力损失、减少推进器的功率需求，实现能耗降低。曝气系统的电耗占污水处理总电耗的50%～70%，是加强负载管理的重点。设计时出于稳妥的考虑，常使鼓风机风量级配不合理、出风压力选择偏大，使之绝大部分时段在低效工况下运行。鼓风气量偏大或曝气器数量偏少都将导致单位曝气器气量过大，造成充氧转移效率降低、阻力增大，降低能效。另外，曝气器堵塞后如不能及时清洗，也会增加阻力损失，增大能耗。

3．建立处理运行需求响应机制

国家级工业园区的运行具有一定的周期性、季节性，准确把握规律，实现快速响应，对于国家级工业园区的污水处理来说就显得尤为重要。建立需求响应机制就是实现各单元以及全流程的优化运行。目前，污水行业已经出现感应式调速和线性调速的水力输送和搅拌设备，此类设备内置智能控制系统，可以有效优化水力输送和搅拌系统的整体运行情况，实现节能降耗。

高效的水力输送设备内置专业为水力输送系统设计的智能控制系统，可以自动进行设备自清洗，泵坑自清洗和管路自清洗，可以自动调节设备运行频率达到系统的能耗最低点。额外的控制系统甚至可以优先启动效率最高的水泵，可以根据整个输送管网的波峰波谷自动切换控制模式，从而发挥泵站的蓄水能力，减少对管网的冲击，使输送泵站与水厂协同运行。

混合搅拌设备内置智能控制系统可实现搅拌器推力可调，当由于工况变化所需推力降低时，搅拌器通过降低转速满足工况需求，同时节省能耗；当所需推力升高时，搅拌器通过提高转速满足工况需求，避免设备增加或更换。

采用内置智能控制系统的水力输送设备和搅拌器，在特定工况条件下，与传统设备相比，可以节省50%以上的能耗。

目前，前馈、反馈、前馈-反馈耦合等各种不同控制品质的曝气控制器和控制策略已较成熟，可以实现按需供氧，避免不必要的电耗。先进的曝气控制系统可在满足处理要求的前提下将鼓风曝气量动态降至最低，大幅度降低能耗，同时还能提高曝气器的氧利用率。设置高效推进器潜流推进器，使池内介质保持一定的流速，可在满足工艺实际需求的前提下进一步降低鼓风曝气量时，避免混合液发生沉积。另外，介质保持一定的流速，可使气泡在水中停留更长的时间，进一步提高系统的氧转移效率。应定期调节污泥回流比，在满足污泥回流量的前提下，使之降至最低，在实现节能降耗的同时提高出水水质。通过微波含固量在线测定技术，可以实现污泥脱水单元加药量的前馈或反馈控制，降低絮凝剂的消耗量，减少间接碳排放。

（三）物料和能量回收利用

国家级工业园区作为走在经济社会发展前列的区域，探索开展物料和能量回收利用，不仅能够达到污水处理减污降碳的目的，还可以有效弥补能源缺口，实现可持续发展和绿色转型。

1. 污水热能利用

国家级工业园区内的产业和生活联系紧密，某些污水处理厂尝试进行污水热能利用，实现直接的热能利用。我国对于污水源热泵的探究起步较晚，通过近年来的研究与发展，国内已建成多个污水源热泵系统并投入使用。污水源热泵充分利用污水水温恒定的特点，能够从污水中高效提取热量，制冷及制热系数可达3.5～4.4，可在稳定供暖、制冷的同时，降低用电量，实现污水热能的开发利用。

2. 污泥厌氧消化利用

国家级工业园区的生活、生产用气需求旺盛，进行污泥厌氧消化可产生可燃气体，在燃气管网较为发达的工业园区具有广泛的应用前景。污水中蕴含着大量的能量，理论上是处理污水所需能量的很多倍。污水经处理后，其中的能量大部分转移到了污泥中，因此开发回收污泥中的能量具有极大的潜力。污泥能源化主要集中在厌氧方向，污泥厌氧能源化包括厌氧发酵产乙醇、厌氧发酵产氢和厌氧消化产甲烷三个技术路径。产乙醇技术虽然成熟，但能源转化率较低。产氢技术目前仍存在反应器放大的困难，生产性应用受到制约。实践中普遍采用的是厌氧消化技术。传统厌氧消化技术能源转化率为 30%～40%，而高级厌氧消化技术可提高到 50%～60%。高级厌氧消化技术包括高温厌氧消化、温度分级厌氧消化和酸-气两相厌氧消化。污泥预处理技术近年来进展较快，具体包括热水解、超声细胞破碎、微波细胞破碎、生物酶水解、聚焦电脉冲和化学细胞破碎等技术，目前应用较多的是热水解技术，这些预处理技术可使厌氧消化的能源转化率进一步提高。传统厌氧消化技术可使污水处理实现 20%～30%的能源自给率，预处理、高级厌氧消化、涡轮发动机或燃料电池以及热电联产等技术的耦合使用，有望使污水处理实现 30%～50%的能源自给率，既大大降低了间接碳排放量，又降低了甲烷产生并逸散导致的直接排放。污泥厌氧消化过程的碳排放量相对较低，且具备实现负碳排放的可能。污泥厌氧消化耦合沼气热电联产项目，可以实现热、电两种能源的回收利用，提高能源利用效率。目前我国污泥热电联产已应用在多个项目上，并取得了明显的碳减排效果。由于我国工业园区污水处理厂进水浓度较低、污泥含沙量大，目前厌氧消化工艺在整个污泥处理处置中占比较低。随着深化污染防治攻坚战和碳减排政策的逐步推进，污泥中的有机物浓度将逐渐提高，厌氧消化后的沼气可转化为热能，实现能源自给后并对外输出，因此污泥沼气利用是实现碳减排的重要途径。

3.污泥焚烧热能利用

某些国家级工业园区污水处理厂污泥外运不便，采用环保达标的设施进行污泥焚烧，减少污泥外运数量，充分利用污泥燃烧产生的热能。污泥焚烧热能利用，即采用专用焚烧炉进行污泥独立焚烧，污泥在焚烧过程中产生的烟气热量在尾部烟道中通过空气预热器和省煤器分别加热燃烧所需空气以及干化所需的导热油，以达到热能利用的目的，同时污泥焚烧的余热还可进行发电。

4．光伏发电

国家级工业园区的土地成本较高，利用污水处理设施占地较大的特点试点开展光伏发电，也是一条有益的减污降碳路径。污水处理作为高耗能行业，光伏发电系统在污水处理厂的应用对缓解污水处理厂高耗能问题具有重要意义。目前，我国污水处理厂与光伏发电项目的结合尚处于发展阶段，部分工业园区已在探索利用污水处理厂的初沉池、曝气池、膜池、清水池等构筑物上方空间安装光伏发电设备，以实现削峰填谷、清洁发电。

四、工业园区污水集中处理设施减污降碳政策建议

国家级工业园区污水处理领域减污降碳是一项系统性工作，同时具有一定的试点性，综合提出相应对策，有利于推动工业园区的高质量发展。与能源交通等行业相比，污水处理领域碳减排成本较低，可以低成本为国家增加碳汇。"以高能耗高物耗为基础的优质出水"以及由此带来的"减排水污染物，增排温室气体"局面不利于污水处理行业的健康发展，因此提出以下工业园区污水处理领域碳减排对策。

（一）开展工业园区碳排放核算与碳减排工艺研究

科学认识工业园区能源消费结构和碳排放特征。工业园区作为一个较为强大的经济独立载体，其环境统计也是需要管理污染物排放，有效管理以二氧化碳为首的温室气体排放，建设工业园区的核心建设数据体系。完善碳排放基础数据，明晰碳排放现状与特征，建立工业园区碳排放核算方法。有效推动工业园区的降碳与减少温室气体的协同发展工作，发挥工业园区产业链共享能源以及污染物治理的独特优势，建设良好的产业链，实现经济与能源一体化的目标。

理论是行动的先导，工业园区减污降碳具有先行先试的特点，需要从理论上进行突破并开展好试点。基于有机污染物去除的可持续污水处理新工艺主要是厌氧处理技术，其能耗低且可回收能源。高浓度有机废水的厌氧技术已成熟，但某

些工业园区污水有机物浓度低，厌氧处理存在投资大和占地大等障碍。目前，污水厌氧处理方向研究的热点是厌氧膜生物反应器（AnMBR），与传统厌氧工艺相比，AnMBR 可大幅度减少占地，但技术成熟度离生产性应用尚存在差距。

另一类可持续污水处理工艺是低能耗、低碳源消耗的脱氮工艺，有很多种类，但主要包括基于短程反硝化原理的 SHARON 工艺和基于厌氧氨氧化的 ANNAMOX/DEMON 工艺。与传统的 A^2/O 工艺相比，SHARON 可节约 25%的能耗、40%的碳源消耗，而 ANNAMOX 工艺可节约 60%的能耗、90%的碳源消耗。目前，SHARON 和 ANNAMOX 在高浓度氨氮污水处理中已较成熟，在污泥回流液处理中已有一批成功案例。在工业园区污水处理上虽有进展，但离实际应用仍有差距。

未来革命性的可持续污水处理工艺方向是碳氮两段法：首先对污水中的有机物进行分离，分离出的污泥通过厌氧消化产生 CH_4，或对污水直接进行厌氧处理产能，分离后含有氨氮的污水通过主流厌氧氨氧化进行脱氮。按照 B. Kartal 等的理论估算，采用现在的活性污泥法，处理 1 人口当量的污染物需要耗电 44 W·h，而采用上述碳氮两段法，处理 1 人口当量的污染物将产生 24 W·h 能量，从而使污水处理厂真正成为"能源工厂"，且污泥产量仅为活性污泥法的 1/4。

目前，国际上已针对污水处理过程中碳排放机理和各种温室气体的碳排放系数开展了大量的研究。由于 N_2O 的温室效应潜能指数（Global Warming Potential，GWP）高达 298 倍，其产生机理正在成为研究热点。基于长效减碳，一些专家正在研究编制污水处理的未来低碳技术路线图。一些国家基于大量检测，提出了适合于本地特点的排放系数。一些企业也正在投入精力开发污水处理节能降耗的新工艺、新技术及新设备。一批污水处理厂正在改造之中。我国在该领域的研究还处于较落后状态，有的方向还处于空白，国家应及时规划开展相关研究，为我国污水领域的碳减排奠定技术基础。

（二）开展污水处理厂的提效改造

我国工业园区污水处理厂总体能效物效较低，尽早、尽快开展污水处理厂提升改造是减污降碳的有效路径。我国污水处理厂平均进水污染物浓度低、出水水质标准也不高，但单位水量能耗却与美国相当。县级污水处理厂的单位污染物能耗远高于重点城市。随着各地提标改造的实施，污水处理能耗将进一步增大。导致低能效的原因很多，其中设施设备配置与实际运行状况不能高效匹配、总体控制水平不高是重要原因之一。例如，污水提升泵组的级配与控制不能满足实际水量变化，常使泵组运行在低效工况；鼓风机组与曝气器组成的曝气系统及其控制手段不能满足高效曝气的需要，使生物系统处于过曝气状态；污泥回流泵不适于大流量低扬程工况，泵组级配也无法实现回流量比无级调节，降低能效；搅拌系统设置不合理，处于过度搅拌；脱水系统无法自动控制投药比，导致药剂过度消耗。污水处理厂经过一段时间的运行后，总结实际运行规律，系统地进行提效改造，可以较大幅度降低能量及物料消耗，实现低碳运行。

（三）基于低碳准则建设污泥处理处置设施

国家级工业园区的污水处理设施如雨后春笋般快速发展，但是相关的配套设施还不完善，特别是污泥的处置在技术和设施等方面还有很长的路要走，按照低碳准则开展污泥处理迫在眉睫。随着污水处理量的增加，污泥产量也越来越多，但是污泥有效处理处置率目前不足 10%，亟须建设大批处理处置设施。在确定污泥处理处置技术路线时，通常综合建设投资、运营成本以及占地等因素选择处理处置工艺。在碳减排形势下，应将低碳准则纳入工艺的评估体系，并对拟采用的技术进行生命周期分析（Life Cycle Assessment，LCA），避免高碳排放设施的建设，实现低碳污泥处理处置。在污泥稳定化处理技术中，强化预处理的高效厌氧消化及沼气综合利用、高温好氧发酵等都属于低碳技术。对于满足要求的污泥，进行污泥农业利用是最佳的低碳处置途径。由于污泥填埋将释放大量 CH_4，且排放周期很长，即使设置收集系统也难以有效收集。因此，填埋属于高碳处置途径，应尽量不予采用。当污泥的含水率高于 65% 时，污泥干化焚烧系统难以实现热量平衡，需要外加燃料，将产生化石燃料类二氧化碳排放。出于一些处置的需要，以 50%～60% 甚至更低含水率为目标的深度脱水工艺，往往以大量物料消耗为代价，间接导致高碳排放，应予慎重选择。

污水中蕴含着大量的能量，理论上是处理污水所需能量的近 10 倍。污水经处理后，其中的能量大部分转移到了污泥中，因此开发回收污泥中的能量具有极大的潜力，已成为国际上的一个热点方向。在污泥处理处置设施的规划建设中，应积极实践各种能量回收技术，提高污水处理系统的能源自给率，进一步加大碳减排力度。

（四）优化工业园区能源系统

综合能源系统是未来工业园区能源系统的主要承载形式，随着近年来我国可再生能源发电技术、智能电网技术、储能技术、虚拟电厂技术、运行控制技术与人工智能领域（如大数据、机器学习、云计算等）的发展及应用，已初步具备开展综合能源项目的条件。综合能源系统设计一次能源与二次能源的整体传输、转换、存储与消费，需要分过程逐步实现。园区级综合能源系统属微型综合能源系统，注重微网层面的多能协同运行，是当前阶段研究重心，也是未来综合能源系统的实现形式。工业园区污水集中处理设施也应当构建包含风力、光伏、各类储能设备等在内的综合能源运行优化调度方法与调控策略。同时，注意开展低位热源的综合利用，实现节能降耗，控制间接排放。

（五）建立低碳评价及管理体系

国家级工业园区不仅要在技术、设施上满足减污低碳的要求，更要探索出一条可复制、可推广的管理评价体系，在制度上走在前列。应研究分析我国各地区代表性污水处理厂污水与污泥处理处置过程中输移、混合、曝气、挤压、分离、烘干、燃烧等环节的能耗、物耗规律及影响能效物效的因素，提出各处理单元的能耗、物耗基准；研究各地区代表性污水处理厂污水与污泥处理处置过程碳排放水平及规律，提出各处理单元的碳排放基准。在此基础上，形成涵盖各种典型工艺在不同条件下的能效、物效评价体系以及碳排放评价体系。

应通过试点等方式，逐步开展工业园区污水处理厂全面能量与物料平衡以及碳减排检测、计算等工作，逐步形成碳排放报告制度。通过建立监管与考核机制，定期评价污水处理厂的能效物效以及综合碳排放状况，形成工业园区污水处理行业碳减排管理体系。

应定期全面分析评价全行业的能效物效状况，参考国际先进标准及水平，提出行业总体能效、物效及碳减排目标。应结合各地特征及客观状况，研究提出实现能效、物效及碳减排目标的技术与管理策略。

五、污水集中处理设施减污降碳国外案例

传统的污水处理过程"以能消能、污染转嫁"加剧了温室气体的排放。面对污水这一潜在的能源、资源宝库，发达国家纷纷提出未来污水处理要走碳中和运行之路，工业园区污水集中处理设施减污降碳可以借鉴国外碳中和污水处理厂成功经验，助力我国工业园区污水处理厂早日实现碳中和运行的目标。

（一）美国希博伊根污水处理厂

位于美国威斯康星州的希博伊根（Sheboygan）污水处理厂很早便认识到了污水处理可持续性和能源独立的重要性，在美国水环境研究基金制定出至 2030 年美国所有污水处理厂均要实现碳中和运行的目标后，Sheboygan 污水处理厂参与"威斯康星聚焦能源"项目，确立了"能源零消耗"的运行目标和实施计划。作为美国碳中和运行的榜样，Sheboygan 污水处理厂通过开源与节流并举的技术措施不仅向美国而且也向世界展示了其污水处理能耗基本可以实现自给自足。利用厂外高浓度食品废物与剩余污泥厌氧共消化产生的高甲烷含量生物气进行热电联产，可产生较多的电和热供运行使用。通过更新变频水泵、鼓风机系统、气流控制阀、加热设备以及相关的自控系统（Programmable Logic Controller，PLC；Supervisory Control and Data Acquisition System，SCADA），可以大幅降低运行能耗。该厂产电量与耗电量比值达 90%～115%、产热量与耗热量比值达 85%～90%，已逼近碳中和运行目标。Sheboygan 污水处理厂在能源利用上开源环节利用热电联产技术充分利用污泥厌氧消化产生的沼气产电、产热。同时，通过向剩余污泥中投加高浓度食品废物实现厌氧共消化，以加大生物气体产出量。在节流环节，更新水泵变频机组（节能 20%）、鼓风机系统（节能 13%）、气流控制阀（节能 17%）、加热设备以及相关的自控系统，最大限度地降低污水处理关键设备的能耗。综合上述措施，Sheboygan 污水处理厂已实现了产电量与耗电量比值达 90%～115%、产热量与耗热量值达 85%～90%，基本接近碳中和运行目标。Sheboygan 污水处理厂能源使用逼近自给自足的经验可以向进水有机物浓度较低、剩余污泥产量较

少的污水处理厂展示，剩余污泥与其他有机废物共消化完全可以弥补污水处理厂
自身有机能源不足的问题。家庭厨余垃圾与餐馆厨余垃圾完全可以收集后送到污
水处理厂与剩余污泥一同消化，从而实现污水处理厂的碳中和运行目标。

（二）奥地利斯特拉斯污水处理厂

　　奥地利作为欧洲发达国家，在能源利用方面一贯强调可持续和低碳减排原则，
发展可再生能源和提高能源利用率是其主要能源战略。在污水处理行业，政府同
样鼓励回收污水中的可再生能源，以减少对化石能源的依赖和大量排放 CO_2。奥
地利斯特拉斯（Strass）污水处理厂规模虽小，但其在能源回收方面的突出表现使
之成为全球可持续污水处理标志性示范厂之一。该厂通过回收污水中能量并优化
各处理单元运行，早在 2005 年便已实现了碳中和运行目标，其产能/耗能比已高
达 1.08，是目前世界上率先实现能量自给自足为数不多的几个污水处理厂之一。
Strass 污水处理厂服务周边 31 个社区，主要承担居民及游客生活污水处理。由于
污水处理厂所在地是著名的滑雪胜地，故该厂服务人口波动较大，夏季约 60 000
人，冬季则高达 250 000 人，污水流量也因此在 17 000～38 000 m^3/d 波动，平均
为 26 500 m^3/d。Strass 污水处理厂主流工艺采用较为传统的 AB 法，以最大限度
地回收污水中的有机物。Strass 污水处理厂通过主流工艺 AB 法可以获得较多剩余
污泥，与外源厨余垃圾一同实施厌氧共消化所产生的沼气热电联产（Combined
Heat and Power，CHP）后完全可以满足其运行能耗。Strass 污水处理厂在 2005 年
实现了"碳中和"运行目标，成为污水处理碳中和运行的国际先驱。Strass 污水
处理厂的运行经验表明，污水处理规模不在大小，只要处理工艺选择得当，便能
最大化剩余污泥产量，使之在厌氧消化过程中转化为可用能源。能量开源是 Strass
污水处理厂实现碳中和运行的法宝，特别是利用自身厌氧消化池优势，实时收集
厂外厨余垃圾进行共消化，不仅使厨余垃圾得到稳定处理，而且在满足碳中和运
行的基础上还可向厂外供电、供热。目前该厂仅剩余污泥转化能源实现自给率为
108%。剩余污泥与厨余垃圾共消化使能源自给率高达 200%，所产生能量的一半
可以向厂外输出。

（三）丹麦马尔利斯堡污水处理厂

马尔利斯堡（Marselisborg）污水处理厂是丹麦的第二大城市奥胡斯（Aarhus）最大的污水处理厂。2016 年国际能源署（International Energy Agency，IEA）发布《世界能源展望 2016》后，Marselisborg 污水处理厂即宣布无须协同消化，仅用污水自身蕴含的能量就实现了能量盈余。Marselisborg 污水处理厂平均处理量为27 500 m³/d，经过多年优化，2014 年污水处理厂在没有添加外来有机废物的情况下，已经能够通过沼气热电联产的电能满足厂区能耗，甚至还有约 40%的电力盈余，2015 年电力盈余升至 50%。由此可见，Aarhus 水务的水厂已经实现真正意义上的碳中和。为达到减污降碳的目标，Marselisborg 污水处理厂采取了全方位的优化工作。首先，安装 SCADA 系统（数据采集与监视控制系统），对氨氮、磷浓度进行监控，并在鼓风机、提升泵、搅拌设备和脱水泵上安装变频器进行控制，大大降低了电耗，可灵活适应每日变化的进水负荷。在污泥处理方面，污水处理厂于 2014 年引进了侧流厌氧氨氧化（Anammox）工艺，该系统能使污水处理厂的出水总氮减少 2 mg/L。节能的厌氧氨氧化工艺也为污水处理厂每年节省用电50 000 kW·h。与此同时，采购能效更高的污泥脱水离心机，为厂区每年节省用电50 000 kW·h，污泥经处理后可作肥料农用。为了提高沼气发电产率，Marselisborg 污水处理厂采购两台 250 kW 和一台 355 kW 的热电联产电机。经过这一系列优化措施，Marselisborg 污水处理厂的年电耗共减少约 100 万 kW·h，2005—2016 年，污水处理厂电耗从 4.2 GW·h 降至 3.15 GW·h，降幅达 1/4，吨水的能耗降至0.25 kWh/m³。另一方面，2016 年该污水处理厂的总产电量达 4.8 GW·h，这意味着厂区的发电量比耗电多 53%，这些多余的电能会卖给国家电网，此外还有多余的热能直接用于地区供热。Marselisborg 污水处理厂采取了一系列措施实现了污水处理厂真正意义上的碳中和，可以总结为：①安装 SCADA 系统在线控制曝气、氨氮、硝态氮和磷，对硝化/反硝化工艺的控制。②用涡轮压缩机取代高真空涡轮鼓风机提高曝气效率。③使用能效更好的污泥脱水离心机。④采购沼气燃机热电联产。⑤污泥线引入厌氧氨氧化工艺，主流线也进行厌氧氨氧化工艺测试。⑥测试碳捕捉、主流厌氧氨氧化、ORC 废气能量回收等工艺，调研在未来污水处理厂使用这些技术的可行性。

（四）荷兰阿姆斯特丹污水处理厂

荷兰阿姆斯特丹（Amsterdam）污水处理厂于 2006 年投产运行，选用改良的 UCT 工艺（University of Cape Town，mUCT），处理人口当量约 100 万人，是荷兰最大的污水处理厂之一。该厂的特点在于污水处理厂和垃圾焚烧厂共生。污水处理厂本身有传统的污泥厌氧消化系统，沼气年产量约 1 200 万 m^3，共用给隔壁的垃圾焚烧厂。污水处理厂的污泥也在此得到焚烧处理，垃圾焚烧厂的热值利用率高达 90%。除了处理污水处理厂的污泥，垃圾焚烧厂还为污水处理厂供应电力（20 000 MW·h/a）和热水（85 000 GJ/a）。还有剩余的电力和余热并入阿姆斯特丹的绿色电网和供暖系统。2013 年，污水处理厂安装了磷回收设备（FOSvaatje），结合 Airprex 工艺从污水中回收鸟粪石，每年产量约为 900 t。该设备除了可实现磷回收，更重要的目的是可解决管道的结垢问题。2019 年，为了减少温室气体 N_2O 的排放，Amsterdam West 污水处理厂和欧洲地平线 2020 项目 Fiware4water 合作，在其中一条处理线进行试验，安装了传感器，结合人工智能算法，将对工艺参数进行实时监测，污水处理厂的能效得到进一步的提高。Amsterdam West 污水处理厂减污降碳措施可以总结为：①选用改良的工艺，污水处理厂与垃圾焚烧厂共同实现污泥厌氧消化。②安装了磷回收设备从污水中实现磷回收。③安装新型传感器，结合人工智能算法，对工艺参数进行实时监测，减少温室气体 N_2O 的排放。

（五）日本森崎水回收中心

森崎水回收中心是日本最大的污水处理厂，其平均处理量约为 1 540 000 m^3/d，也是东京最主要的污水处理厂之一，负担着东京约 1/3 人口的生活污水处理。森崎水回收中心有一个南部污泥处理厂，专门用于处理水再生中心产生的污泥和其他污水处理厂运送的污泥，污泥处理后用作建筑材料。该中心东部设有 4 个消化罐，污泥厌氧消化每年可发电 22.8 kW·h。该中心还安装了世界上最大的 NaS 电池设备，用于全天的分布式电力负载，在夜间有效地使用低成本的电力，在用电高峰期减少使用电池供电。该中心将处理后的废水供应到周围地区的空调设备，空调产生的废热通过热交换器处理后被废水吸收。由于冷却设备运行所需的电力

和自来水的减少使 CO_2 排放量每年减少约 22 t。森崎水回收中心利用排水渠和海平面数米的落差，设置了 5 台水力发电机，只需使用森崎的大量废水，即可产生无温室气体排放的清洁电力。与太阳能发电和风力发电相比，水力发电的发电电力更为稳定。该设施每年可发电约 80 万 kW·h。太阳能发电设施位于森崎的东部，在反应池上方安装了 4 480 块 250 W 的太阳能电池模块，每年可获得 115 万 kW·h 的电能。此外，森崎水回收中心上方建有公园，营造了多种生物和植物和谐共生的生态环境。森崎水回收中心将水厂的空地用于建造生态公园，将一些设施建于地下，既有效地利用了土地资源，又尽可能利用废水处理中产生的沼气、热能，回收电力。

总之，许多发达国家低碳污水处理厂的工艺技术已处于成熟阶段，能在保证城市污水达标处理的同时做到能源回收利用。污水处理厂日常运营和维护也有完善的管理体系。相信这些经验都能为国内园区污水处理厂减污降碳提供一些可以借鉴参考的方向。

第七章

美国工业废水间接排放管理的
经验与启示①

工业废水是指工业企业在生产过程中产生的废水和废液，其中含有随水流失的生产原料、中间产物、副产品以及污染物。工业废水成分复杂，水质水量波动性强，生物降解和生物抑制性污染物浓度高且处理难度大。若未对工业废水的间接排放进行系统性评估和管控，则极易影响受纳污水集中处理厂的运行稳定性，导致出水水质超标。加强工业废水间接排放管控是水污染防治的重要内容。我国《长江保护修复攻坚战行动计划》提出，"组织评估依托城镇生活污水处理设施处理园区工业废水对出水的影响，导致出水不能稳定达标的，要限期退出城镇污水处理设施并另行专门处理。"由此可见，加强工业废水间接排放管控对打赢碧水保卫战具有重要意义。

美国在工业废水间接排放管控方面积累了丰富经验。一是制定了国家预处理条例，形成了美国国家环境保护局、审批当局、控制当局、公共污水处理厂等相关方权责明确的管理体系；二是制定了由排放禁令、行业标准和地方标准组成的

---

① 本章作者：王树堂、陈坤、徐宜雪、彭舰、唐艳冬。

预处理标准体系；三是公共污水处理厂被赋予控制当局的部分职能，监管工业用户的废水间接排放；四是通过监测、记录和报告机制落实排污企业污染治理主体责任。"他山之石，可以攻玉"，本书总结美国工业废水间接排放管控经验，结合我国实际情况提出如下建议：①完善工业废水间接排放管理体系，明确地方政府、生态环境主管部门、城镇排水主管部门和污水集中处理厂等相关方的职责；②完善工业废水间接排放污染物管控的标准体系；③加强污水集中处理厂对工业废水间接排放的管控；④强化排污企业污染治理的主体责任，严格落实排污许可证相关要求。

一、美国工业废水间接排放管控体系

美国公共污水处理厂（Public Owned Treatment Works）能有效处理生化需氧量（BOD）、总悬浮物（TSS）、大肠菌群、油脂等常规污染物，然而对工业废水中有毒有害污染物的处理能力极为有限。1972 年美国政府颁布《清洁水法》，提出了实施工业废水预处理的原则性要求，但在实践过程中环保部门仅侧重生活污水中常规污染物的监管，缺乏针对工业源污染物排放管控的具体措施。美国自然资源保卫委员会等环保团体为此对美国国家环境保护局提出了诉讼并获得成功。因此，1977 年《清洁水法修正案》明确了实施工业污水排放预处理管控制度的具体条款。随后，美国国家环境保护局制定了国家预处理条例（National Pretreatment Program）。

（一）美国国家预处理条例的目标

美国国家预处理条例的目标包括：①有效管控工业废水污染物间接排放，防止工业废水中有毒有害污染物或非常规污染物对公共污水处理厂生化处理设施的干扰和破坏，保障公共污水处理设施安全稳定运行；②有效预防穿透效应导致的非常规污染物和有毒有害污染物的排放，或预防公共污水处理厂处理工艺不能处理的污染物进入污水处理厂；③为污水处理厂实现中水再生利用和污泥的低成本处理处置创造条件；④保障公共污水处理厂工作人员的安全和健康。

（二）美国国家预处理条例的管理体系

美国国家预处理条例规定的相关方包括美国国家环境保护局、审批当局、控制当局、公共污水处理厂及其工业用户等。

工业用户（Industrial User）是指所有排放工业废水到公共污水处理厂污水收集管网的单位，分为一般工业用户和重要工业用户。一般工业用户是指数量众多、排污水量小并且污染物浓度较低的排污单位。重要工业用户是指排水量较大或具有毒性或者污染物浓度较高的排污单位。重要工业用户包括：①美国国家环境保护局明确的重污染行业的工业用户；②日平均废水排放量超过 25 000 加仑（约 95 m³）的工业用户；③工业废水排放量超过公共污水处理厂干旱期平均处理水量 5%的工业用户；④由控制当局认定，排放污染物有可能会干扰集中污水处理设施正常运行的工业用户。

审批当局（Approval Authority）主要包括美国国家环境保护局区域分局和被授权的 36 个州政府。审批当局的职责包括：评估并决定公共污水处理厂是否需要制定预处理专案、批准新制定或修订的地方预处理专案、审核控制当局提交的执行报告、通过合规性审计评估预处理专案的执行效果、批准新制定的行业预处理排放标准、对公共污水处理厂和工业用户的违法行为进行处罚等。审批当局设立预处理协调官（Pretreatment Coordinator）的职位，对控制当局的工作进行监督、核查和指导。审批当局每 5 年要对控制当局和公共污水处理厂进行合规性审计，全面检查预处理专案执行情况，重点核查预处理专案的预算、人力资源、图书馆资源、仪器设备资源、地方预处理排放标准、工业用户达标排放状况、控制当局执法情况等。

控制当局（Control Authority）主要是州或市级政府。公共污水处理厂预处理专案获得审批当局批准后，公共污水处理厂被赋予控制当局的部分职能。控制当局的职责包括：制定和执行地方预处理专案、针对工业用户的废水间接排放进行执法检查、修订地方预处理排放标准、向审批当局提交专案执行情况报告等。控制当局对工业用户的管理手段包括：颁发排污许可证，要求工业用户执行相关排放标准，检查自行监测报告和定期达标报告等，对工业用户进行执法检查，对超标排污行为进行处罚等。

公共污水处理厂（Public Owned Treatment Works）是隶属于州政府或市政厅

的污水集中处理单位，包括任何用于储存、处理、循环利用城市污水和工业废水的设备和系统。根据美国国家预处理条例规定，设计处理能力大于 500 万加仑/d（约 1.9 万 m^3/d）的公共污水处理厂应当制定地方预处理专案。美国有 1 600 余家公共污水处理厂制定了预处理专案并获得审批当局批准，这些公共污水处理厂有权利拒绝或限制工业用户向集中处理设施排放污染物，监测和监管工业用户的污染物排放。

（三）预处理排放标准和指导文件

1.工业废水预处理排放标准

美国国家预处理条例规定，工业废水在排入污水处理厂管网之前要先达到预处理排放标准。预处理排放标准分为排放禁令、行业标准和地方标准。

排放禁令（Prohibitions）适用于所有向公共污水处理厂排放污水的工业用户。排放禁令分为特别排放禁令和一般排放禁令。特别排放禁令针对已经认定会严重影响公共污水处理厂运行的污染物，具体包括易燃易爆物质、腐蚀性物质、易堵塞物质等 8 类污染物。一般排放禁令禁止工业用户向公共污水处理厂排放任何可能会导致穿透效应或干扰处理设施运行的污染物。在引起干扰或穿透效应的原因尚未查清时，控制当局可以制定一般排放禁令，严格控制进入管网的工业污染物。

行业标准（Categorical Standards）由美国国家环境保护局按照不同的工业类别分别制定。行业标准制定过程综合考虑生产过程和原材料、污染物特征、废水处理工艺和成本、环境效益和社会效益等因素。行业标准强调，不能通过稀释的办法来规避污染物处理。随着水环境目标的提高和治理技术的进步，行业排放标准逐步提高，从最佳实际控制技术标准到经济可行最佳技术标准，再到新源绩效标准。

地方标准（Local Limits）由控制当局按照当地的水质改善要求或公共污水处理厂的集中污水处理设施情况制定的工业废水预处理排放标准。地方标准体现了预处理排放标准的灵活性。例如，生化需氧量和动植物油脂等污染物应该由各个公共污水处理厂根据自身处理能力制定工业用户的预处理排放标准。如果行业标准不能有效预防工业废水对公共污水处理设施造成干扰或破坏，控制当局可以针对该种污染物制定更加严格的地方排放标准。

2．预处理专案涉及的技术指导文件

美国国家环境保护局编制了大量指导文件，帮助审批当局、控制当局、公共污水处理厂、工业用户等相关方更好地贯彻落实预处理制度。针对公共污水处理厂的指导文件包括制定地方预处理排放标准的技术指南、应对工业废水突然大量排放的措施指导手册、污泥抽样和检测分析操作手册、工业用户排污许可指导手册、工业用户污水采样手册。针对控制当局的指导文件包括预处理专案审计事项核对表和使用说明。针对工业用户的指导文件包括执行有毒有机污染物预处理标准的技术指南、识别排入管网的有害物质技术指南、基线监测报告编制指南等。

（四）控制当局对工业用户的监管

控制当局对工业用户通过发放排污许可证等方式进行监管。工业用户必须向控制当局提交监测报告、达标进展报告、异常事件报告、绕排报告、潜在问题通告、排放有害物质通告等 10 份书面材料。上述报告必须由企业负责人或授权代表签字。

异常事件报告（Upset Reports）。在废水处理过程中，由于工业用户不可控的因素造成无意的和暂时的超标排放的事件称为"异常事件"。预处理专案允许工业企业在发生异常事件时，向控制当局申请免予处罚，又称为"积极抗辩"。工业用户需要在获悉意外事件发生的 24 h 内向控制当局报告，描述暂时超标排放的原因以及已经或即将采取的应对措施。如果这个报告是口头进行的，5 d 之内还要提交一份书面报告。

绕排报告（Bypass Report）。绕排是指在完成预处理过程之前，将废水引出处理设施的直接排放。如果绕排导致废水排放超标，工业用户必须向控制当局提供报告，详细描述此次绕排情况及原因、持续时间、已经和即将要采取的应对措施。对于可预见的绕排，工业用户必须事先向控制当局提交报告，最好比预计的绕排开始时间提前 10 d。

排放有害物质的通告（Notification of Hazardous Discharge）。每月排放超过 15 kg 有害废物的工业用户要向控制当局、州政府和美国国家环境保护局提供一份排放污染物的书面通告。如果排放的属于剧毒废物，则不管其排放量为多少，都必须提交

书面通告。该书面通告内部包括美国国家环境保护局有毒有害废物编码、排放类型（一次性排放或连续排放）。如果每月排放超过 100 kg 有毒有害废物，通告需增加有害废物成分的鉴定证明、废物成分的数量和浓度、预计年排放废物总量等信息。

二、美国工业废水间接排放管控经验总结

（一）建立了完善的国家预处理条例管理体系

为加强工业废水间接排放管控，形成了由美国国家环境保护局、审批当局、控制当局、公共污水处理厂等相关方构成的管理体系，分工明确，职责清晰，提高了管理效率，保障预处理专案有效贯彻落实。审批当局监督国家预处理专案的执行情况，细化预处理专案的具体要求，对控制当局工作进行年度检查，指出其工作中的不足之处并要求限期改正。控制当局监管工业用户和公共污水处理厂执行地方预处理专案情况并向审批当局提交工作报告。部分公共污水处理厂被赋予控制当局的权限，有利于对工业用户的监督检查，推进预处理专案相关要求有效落实。

（二）制定了由排放禁令、行业标准和地方标准组成的预处理标准体系

美国工业废水预处理排放标准由排放禁令、行业标准和地方标准构成，形成了系统、全面、科学的标准体系。预处理排放标准为公共污水处理厂安全稳定运行提供了保障。排放禁令和行业标准在全国范围内适用。地方标准中的污染物间接排放限值是由控制当局根据当地水质改善要求而确定，体现了地方标准的针对性和灵活性。控制当局在制定地方标准时，综合考虑水环境标准、水质改善目标、污水集中处理设施的处理能力等因素。

为提高预处理专案的可操作性，美国国家环境保护局编制了大量的技术指导文件，指导地方政府有关部门、控制当局、审批当局、公共污水处理厂、工业用户等相关方落实预处理专案的相关要求。详尽的技术导则有利于避免预处

理专案执行过程中被曲解。

（三）公共污水处理厂监管工业用户的废水间接排放

公共污水处理厂预处理专案获得批准后，公共污水处理厂被赋予控制当局的部分职能，监管工业用户落实预处理专案相关要求的情况。依据批准的公共污水处理厂预处理专案，公共污水处理厂有权利依据自身的处理能力制定污染物排放限值，监测和监督工业用户的污染物排放是否符合预处理标准，调阅工业用户提交的异常事件报告等各类报告，协助环保部门调查工业用户超标排污行为等。

（四）严格落实企业污染治理主体责任

根据排污许可证和预处理专案的要求，工业用户落实污染治理主体责任，并接受控制当局的监督。美国排污许可证制度具有完善的管理体系，对许可证发放、污染物自行监测、监测结果报告等一系列监管要求和实施程序都做出了明确规定。同时，美国排污许可证制度明确了处罚措施以及信息公开与公众参与等完善的配套机制。在美国预处理专案中，工业企业被要求严格执行相应的排放标准，同时还要向控制当局提交异常事件报告、定期达标报告等 10 余份报告，使其排污行为能够得到有效的监控。严格细致的规章制度和严厉的处罚措施是落实企业污染治理主体责任的重要手段。

三、对我国工业废水间接排放管控的建议

（一）完善工业废水间接排放管理体系

创新管理体制机制，明确地方政府、生态环境主管部门、城镇排水主管部门、污水集中处理厂等相关方的职责。生态环境主管部门应当依法对排污企业间接排放进行监管，对污水集中处理厂达标排放进行监督检查；城镇排水主管部门对城镇污水处理设施运行情况进行监督和考核。城镇排水主管部门和生态环境主管部门应当建立常态化联动工作机制、排水管网及污水集中处理厂的数

据共享机制。

鼓励地方政府制定污水集中处理厂接纳处理工业废水管理办法，明确排入污水管网的工业废水所含特征污染物能够被污水集中处理设施有效去除而非稀释排放，且不影响管网系统和污水处理设施的正常运行。

（二）完善工业废水间接排放污染物管控的标准体系

鼓励开展工业废水间接排放特征污染物筛选确认及名录构建工作，识别需严控的特征污染物并制订管控计划。鼓励地方生态环境主管部门结合水环境质量改善工作实际需求，制定地方水污染物排放标准，明确工业企业废水污染物（如氮、磷，重金属等）间接排放限值、监测和监控要求以及标准的实施和监督等相关规定。建议允许排污企业与工业园区的污水集中处理厂协商确定特征污染物排放限值。

（三）加强污水集中处理厂对工业废水间接排放的管控

赋予污水集中处理厂对工业废水间接排放管控的职能，协助生态环境主管部门调查涉水排污企业超标排放行为，监测和监管涉水企业的污染物排放。

污水集中处理厂和排污企业签订污水处理合同，明确接纳工业废水水质要求、废水暂停接入的条件、造成损失时的责任承担。污水集中处理厂有权利拒绝或限制工业企业违反合同约定向集中处理设施排放污染物。污水集中处理厂发现排污企业废水废液偷排、水质超标等现象，可及时向有关部门报告。

（四）强化排污企业污染治理的主体责任

排污企业应严格执行污染物排放标准，控制有毒有害污染物进入污水集中处理厂。排污企业应按照排污许可证要求，稳定运行污水处理设施，定期开展自行监测。鼓励排污企业及时向接纳污水的污水集中处理厂通报异常排污事件，降低对污水集中处理设施稳定运行的不利影响。

第八章
欧洲工业园区水环境管理
特点与举措①

　　欧洲工业园区（工业集聚区）的环境管理和水污染物排放标准主要执行欧盟颁布的 3 个指令：《欧盟水框架指令》（*EU Water Framework Directive*，WFD，2000/60/EC）、《城市污水处理指令》（*Urban Wastewater Treatment Directive*，UWWTD，91/271/EEC）和《工业排放指令》（*Industrial Emissions Directive*，IED，2010/75/EU），各成员国根据区域的生态环境容量，制定各自的水环境管理制度。

一、德国工业园区水环境管理特点和措施

　　德国城镇污水处理厂收纳工业废水有着严格的入厂要求和合理的收费办法。德国目前共有污水处理厂 9 037 座，只有 6 座用于单独处理工业废水（类似于我国工业集聚区自建的污水集中处理设施），其余工业废水全部依托城市污水处理

---

① 本章作者：杨铭、王琴、林臻、刘兆香、马文臣。

厂处理。德国针对 57 个行业分别制定了严格的工业废水预处理技术标准，规定只有符合条件的工业废水才允许排入污水处理厂。城镇污水处理厂收纳工业废水有严格的入厂条件，需提前查明其行业来源，并建立档案。污水处理价格由乡镇政府、污水处理厂和排污企业共同决定，主要考虑污水处理厂运营成本、维护成本、投资成本、行政管理成本、企业排放的水量、污染物类别及浓度等，但不包含企业的盈利额，比我国大多数污水处理厂单纯按污水量收费更合理。德国污水处理费平均价格是全世界最高的，高于供水费。在污泥的处置方面，《污泥条例》对特定重金属（包括汞、镉、铬、铅、铜、镍、锌等）和其他危害物质规定了明确的阈值，处置时需由权威机构鉴定其成分，符合要求的污泥允许用于农业和园艺业。

二、英国工业园区水环境管理特点和措施

英国实行严格的排污许可证制度，工业企业废水排入城镇污水处理厂需经过多层面的评估论证。英国目前约有 8 000 座污水处理厂，无独立的工业污水集中处理设施。所有污水处理厂已彻底私有化，政府只负责经济监管（核心是价格监管）。英国对工业园区（工业集聚区）环境管理实行严格的排污许可证制度，工业企业将废水接入城镇污水处理厂需经过严格的评估论证才能获得批准，具体规定（如威尔士地区）：一是请大学或第三方机构进行调研评估，对企业材料进行核实；二是开展风险评估，控制企业偷排的风险；三是测算企业支付的补偿金是否能涵盖治理污染的成本；四是评估许可后是否危害环境，影响可持续发展；五是评估适用的法律依据是否正确；六是网上公开征求公众意见。在发放许可证后，环保部门每年还要到企业进行调研评估，根据环境承载能力及时调整排污许可。工业污水处理收费按毛登（Mogden）公式进行计算：污水处理费=基本处理费（含收集、输送费）+COD 处理费+SS 处理费+深度氧化处理费+污泥处置费。污水处理费按污染单位进行收缴，其结构和详细目录由污水处理公司制定和公布，但是必须符合法律规定和水务办公室设置的价格上限。英国相关法律针对水污染行为有严厉的处罚，最高处罚为刑期 12 个月或罚款 5 万英镑，特别严重的，由皇家法

庭执行，可处 5 个月刑期和无上限罚款。

三、法国工业园区水环境管理特点和措施

法国政府根据污染物排放量向企业收取排污费，相关费用用于各流域水污染防治相关工程和活动中。法国 71 个工业园区的工业废水处理主要依托城市污水处理厂，已建的 2.1 万多座污水处理厂中，仅有 10 座为独立的工业污水集中处理设施。法国污水处理厂的建设大部分采用了 BOT（Build，Operate，Transfer）模式，污水处理厂属国家所有，实行特许经营。政府根据污染物（包括 SS、COD、TDS、总氮、总磷以及毒性污染物和防腐剂等）的排放量向企业按比例收取排污费。全部排污费先交给法国的 6 个流域管理局，再投入到水污染防治工程和活动中。污水处理价格由第三方咨询公司计算预测，市政议会讨论确定，每 4～5 年定期复核一次。

四、意大利工业园区水环境管理特点和措施

意大利水污染的治理已形成一项专业化、社会化的服务产业，废水的收集、处理、最终处置等都可由第三方提供服务。政府通过在法律上赋予污水处理厂一定的监管权限、制定严格的排放惩治措施、建设完备的在线监测体系，较好地促进了污水处理的产业化发展，有效解决了工业水污染防治问题。意大利高度重视工业集聚区规划，重点污染企业全部建在规划区内。截至 2013 年，共建有工业集聚区 199 个，大多依托城市污水处理厂处理工业废水。

工业污水在处理时，由企业向污水处理厂提出申请，由污水处理厂对该企业污水的数量、种类及其对污水处理厂运营的影响等因素予以综合考虑后，确定是否接受处理该种工业污水，并确定收费金额。意大利政府负责管网建设，如排水企业地处偏远无污水管网，则有环保企业专门开发车载式设备，上门为其处理污水，或上门收集污水运输到污水处理厂处理。这种市场化的第三方服务模式非常

值得我国的工业园区借鉴。

意大利要求大型企业必须安装先进的污染物自动监测系统，实时、全面地反映工业污染排放状况和特征因子，凡是没有安装连续监测系统的企业不允许开工生产。有的地区，由第三方环保企业和环保部门共同建设污染监控设施及平台，参与园区的污染监控和环境管理，便于及时掌握污水排放信息和应对突发事故。各企业将主要污染物排放状况清单定期上报国家环保部门和欧盟委员会，没有排放权的排污企业可以通过排污权交易，向有余量的企业购买排污量。

在环境管理方面，各大区环保局每月会对直排环境的污水水质进行监测。如果某企业尾水不能达标排放，则不仅要缴纳罚款，还需要承担法律责任。因此，尽管一些污水的处理价格高达每吨数百欧元，工业企业也会送至污水处理厂处理，很少出现偷排、稀释排放的现象。此外，法律规定污水处理厂有权对上游工业企业排放的污水进行监测控制，对超标排放的工业企业，污水处理厂会向法院起诉追偿。

五、瑞典工业园区水环境管理特点和措施

瑞典不同地区的污水集中处理设施执行差异化的排放标准。瑞典目前共有工业企业约 58 万家，99%为中小型企业（雇员为 9 人或 9 人以下的企业约占 94%），建有 24 个国家级科技产业园。目前，瑞典一般性产业园区主要依托城市污水处理厂处理污水，而化工等重污染产业园则建有独立的工业污水处理厂，各污水处理厂根据所处地区敏感性级别，执行不同的污水排放标准。

瑞典对工业集中区环境管理要求：一是所有的建成区必须建设污水收集管网系统；二是进入管网的污水至少需要进行二级处理；三是处理后的尾水水质需满足排放标准；四是污水处理厂尾水如排至"敏感区域"，则需要执行更严格的要求，如耗氧类物质（$BOD_7 \leqslant 15$ mg/L、$COD \leqslant 70$ mg/L）、悬浮物（$SS \leqslant 150$ mg/L）及总磷（$TP \leqslant 0.3$ mg/L）的排放要求适用于全国，总氮（去除率$\geqslant 70\%$）的要求仅适用于挪威边界以西近岸海域。

六、荷兰工业园区水环境管理特点和措施

荷兰主要有西部（鹿特丹石化工业区）、北部（生物技术和高性能材料区）和南部（切梅洛特化工园区）三个工业集群，有多个工业园区。荷兰的工业园区可整体申请一个排污许可证，园区内仅部分重点行业的企业需要单独申请间接排放的排污许可证，部分园区环境管理工作由企业自发成立的环保工作指导委员会具体承担。

荷兰在环境管理方面非常灵活。以切梅洛特化工园区为例，为降低区域总体投资成本，园区管理部门与企业协商后，作为一个整体单位申请一个排污许可证，园区内入驻企业与园区签订环保协议，落实责任与义务。园区成立环保工作指导委员会，由帝斯曼集团和沙特基础工业公司等企业的有关人员组成，负责与政府相关部门的沟通联络和对内的环境管理，这种模式既节省了环保成本，也提高了透明度。园区依托一座 20 万 t/d 处理规模的城市污水处理厂对园区每日产生的工业污水进行处理，政府每周对该城镇污水处理厂排水情况进行检查。荷兰《地表水污染防治法》规定的 18 类工业企业（包含化学和石化、表面处理、制革、纸及纸板、丝网印刷等）需要办理排污许可证，其他工业企业可以不办理。企业废水申请接入污水处理厂时都需要向政府提交组合文件，包含政府认可的企业长期环境计划，说明企业如何在较长时期内提高环保成绩；建立 ISO 14001、EMAS 等环境管理体系的相关文件，说明如何规范企业的生产活动；年度环保报告，详细说明企业的环保成绩、成果。

在污水处理费方面，荷兰采用按"排污单位"征收的计算方式，"排污单位"根据耗氧物质和重金属排放量计算而得，每"排污单位"收费约 32 欧元。

七、欧洲工业园区水环境管理制度对我国的启示

一是深入推动采用预处理+集中处理的模式化解工业水污染防治风险。欧洲工

业园区工业污水处理经验表明，预处理+集中处理的工业污水管理模式切实有效。因此我国应坚决督促各地园区坚决落实"水十条"和《水污染防治法》中关于工业园区应配套建设污水集中处理设施的要求，并完善污水管网建设，确保工业园区企业工业污水应收尽收。此外，工业园区还应借鉴欧洲国家经验，聘请第三方机构排查企业排污底数，评估污水集中处理设施工艺适用性，确保污染物可以得到有效处理，实现稳定达标排放。

二是采用更灵活科学的污水处理收费机制。我国绝大多数工业园区对排入污水集中处理设施的工业废水实行统一的按污水量收费的经营模式，在某种程度上看未体现"谁污染、谁付费治理"的初衷。欧洲很多国家以污染物排放特征和总量（排污单位）为标准进行收费的管理模式和经验值得我们借鉴。

三是基于地方特点制订污水间接排放标准。我国地域辽阔，各地区经济发展水平、区域的生态环境容量存在非常大的差异。因此，应鼓励和支持地方政府结合当地工业生产情况、地理环境等因素，针对具有地方特色的污染源和污染物，自主把握水污染物排放标准特别是污水间接排放标准的制修订力度。建议参考欧洲工业园区在水环境管理方面的运行机制，园区企业间接排放水质标准、最佳可行技术文件（BAT）、清洁生产文件等可由各省（区、市）、市（县、区）自主编制技术要求，以便更好地推进地方经济与环保协同发展。

四是由单一的末端治理向生产全过程管控转变。在我国，工业园区的工业废水污染防治措施仍是以末端处理为重点。虽然编制了大量的不同行业各类废水处理技术规范，但各地域情况复杂、经济发展不平衡，非强制性的技术规范对具体项目的指导作用难以落到实处。综合表现为企业废水中物料或副产品的回收和资源化利用率较低，导致废水浓度较高，处理成本居高不下；工业废水多种污染物混合处理，交叉污染增加了处理难度和成本；对常规指标关注较多，对特征污染物特别是有毒污染物的预处理不彻底或未处理等。建议进一步推广生态工业园区建设经验，推进园区生态化建设，逐渐加强企业生产全过程管控，力争在源头上实现污染物的资源化与减量化。

五是出台文件明确园区管理部门环境管理职责。《水污染防治法》明确规定地方各级人民政府对本行政区域的水环境质量负责，并将水环境保护工作纳入国民经济和社会发展规划。我国工业园区管理多以管委会为主导，属地方政府派出机构，目前在法规层面尚未明确其环境管理责任。园区管委会的环境管理只是政府生态环境部门职责的简单延伸，尚未建立区域性生态环境管理理念。绝大多数园区未制定与其经济发展配套的生态环境保护规划，一些工业园区发展经济以牺牲工业园区内生态环境、忽略土地的合理规划使用为代价，环境污染和资源浪费较为严重。建议将工业园区管理部门作为环境管理责任主体，纳入法律、行政文件中，督促工业园区从招商引资环节加强资源优化配置，提高废物循环利用率，减少"三废"产生量，降低区域排污负荷，做到"统一规划、利益共享、相互配合、节约土地、滚动开发"，体现工业园区的整体性、功能性和先进性。

六是工业园区水环境管理由单一的排放监管转变为排放和水平衡共同监管。自"水十条"出台以来，工业园区已实现多排口到集中排口的转变，提升了处理能力，提高了监管效率，为区域总量管理奠定了基础。下一步在重点监管工业园区废水收集率和处理能力时，建议通过指导工业园区督促企业测算水平衡情况，建立工业园区水平衡档案，实现水平衡和排放浓度双重监管。既可精确了解区域工业污水产生、收集、回用、处理和排放情况，还可精准测算排污总量，核算生产耗水量，促进水污染防治精细化管理提升一个台阶。

第九章

工业园区绿色发展及评价的
国际经验与启示[①]

纵观国际工业园区绿色发展的历程，可以发现以生态工业园区为代表的绿色发展整体解决方案成为工业园区发展的主流，这有其必然性。本章首先回顾了国际工业园区的背景和发展历程，并梳理总结了工业园区绿色发展的经验，同时将我国工业园区绿色发展三套评价指标体系（国家发展改革委的园区循环化改造评价指标体系、工信部的绿色园区评价指标体系、生态环境部的国家生态工业示范园区技术标准）与国外进行了对比，指出了我国三套评价指标体系存在的不足。最后，给出相关经验启示。

一、国际工业园区绿色发展历程

工业生产因其规模效应和范围效应的存在往往扎堆发展。工业革命以来，英

---

① 本章作者：陈坤、石磊、张睿文、张吉星、唐艳冬。

国、美国、德国和日本等西方先期工业化国家在工业化历程中出现了许多类型各异和尺度不一的工业区，如英国中部、美国五大湖流域、德国鲁尔区和日本东京地区等都出现了世界级的工业区。其中，因生产要素集聚和组织管理需要等因素，在一定地理空间范围内组织产业发展及相关基础设施建设就成为必然，工业园区也因此成为工业区的主要空间载体。以欧洲著名的 ARRR（Antwerp-Rotterdam-Rhine Ruhr-Rhine Main）超级化工产业区为例，它由比利时安特卫普港化工园区、荷兰鹿特丹港化工园区、德国勒沃库森化工园区、德国路德维希港化工园区四大核心化工园区构成。这些工业园区历经长时间的市场检验逐渐形成了强大的国际竞争力，也成为后续工业化国家学习和借鉴的样板。

为追求赶超式的产业发展，一些国家和地区政府开始根据自身经济发展需求和要素禀赋，通过行政手段划定特定园区，聚集整合各种生产要素，突出产业特色，使之成为适应市场竞争和产业升级的分工协作区。爱尔兰于 1959 年设立的香农开发区就是根据这个目的而成为世界上首个产业特区。其后，巴西、韩国等纷纷效仿，成为工业发展的主流载体。我国在改革开放后也迅速启动了以经济技术开发区为代表的工业园区建设。历经 40 年，工业园区已对我国的工业化、城镇化、改革开放和体制创新都产生了全面而深刻的影响，为我国成为世界工厂做出了巨大贡献。

然而，工业园区因其大量产业尤其是重化工业的进驻，已成为环境问题的高发地。许多著名的大型工业园区都发生过严重的环境污染事件，例如世界著名的环境公害事件中的比利时马斯河谷烟雾事件、美国多诺拉烟雾事件、日本水俣病和骨痛病事件和印度博帕尔事件等都发生在或源自工业园区。这些环境污染事件严重影响了工业园区的竞争力和可持续发展。因此，针对工业园区的污染治理和生态化成为工业园区可持续发展的必然选择。早期园区生态化的措施主要是建设集中污水处理厂和工业废物焚烧、填埋设施等，后来逐渐拓展到产业规划、基础设施建设和园区管理等整体层面。随着工业园区规划建设的逐渐成熟，来自工程化建设和工厂内部环保措施所作出的环境贡献边际效应递减，工业园区急需绿色发展模式上的创新。

1989 年，丹麦卡伦堡园区产业共生体系的发现带来了工业园区发展模式的变革。人们发现，燃煤电厂、炼油厂、酶制剂厂等在历经 30 多年的发展过程中，逐渐自发形成了以废物交换利用和基础设施共享为特征的产业共生体系，在带来环境效益的同时也提升了经济竞争力，实现了园区尺度上环境与经济的"双赢"。卡伦堡工业园区的发展经验表明在工业园区规划和建设过程中，有意识地组织产业协作和基础设施共享，有可能带来超越单个企业尺度的效果。因此，美国、加拿大、荷兰、英国、日本和韩国等工业化国家纷纷开展模仿探索，并在进入 21 世纪后引发了世界范围内生态工业园区建设的热潮。

纵观国际工业园区绿色发展的历程，可以发现以生态工业园区为代表的绿色发展整体解决方案成为工业园区发展的主流，这有其必然性。首先，产业竞争本质和尺度已经发生变迁，产业竞争已经不再局限在单个企业或者产业链层面，而是超越微观主体上升到产业集群和产业聚集区的层面。例如，荷兰调查了 77 家中小企业倾向于生态工业园，原因是更多的创新机会、更好地改进产品质量机会和新市场的机会（而不是资源优化利用使成本降低）。其次，环境污染防治边际成本的递增需要更新的模式创新。在单一企业尺度上，进一步减少污染的边际成本骤增，需要在更大尺度上寻求机会，降低废物的生成，从变废为宝中萃取价值。再次，随着园区专业化和集成度的增强，需要更好的顶层设计和精准管理。产业发展、基础设施建设和园区整体规划已形成具有严格时序和定量依存关系的有机体，通过物料/能量/水的交换集成，可以带来资源生产率和竞争优势的提升。最后，信息化技术手段的发展使生态工业园区数字化建设逐渐成为现实。大数据、互联网+、智能制造等技术促进了信息化与工业化的深度融合，使基于共享的范围经济（长尾经济）的优越性越来越大，并逐步取代规模经济，成为工业绿色发展的主流模式。

二、工业园区绿色发展的经验

综观欧美等发达国家（地区）的生态工业园区实践，可以发现虽然在规模和行业特点方面有所不同，但却有如下 5 个共同点。

（1）生态工业园区的建设具有较高的工业和技术基础。西方发达国家是在完成了工业化以后，才开始选择生态工业的发展道路。美国、加拿大、日本都是在

20 世纪 90 年代初才启动生态工业园区设计和建设项目。在这些国家，先进的科学技术为企业间的联系提供了支撑，可以在减少废物交换过程中交通运输的能耗、物耗，使废物回收利用在经济上合算，并保证其品质满足下游用户的基本要求。

（2）完善的环保法规及其严格的强制执行措施形成了生态工业园区建设的强大压力。国外生态工业的出现和发展同国外严格的环保法律法规的实施有必然的联系。在卡伦堡生态工业园中，制药厂废水处理的残渣在当地禁止填海，因此加工生产有机肥并向当地农民出售成为解决残渣的有效途径之一；电厂热能的分级使用也是如此。

（3）经济利益是推动生态工业园区建设的有效动力。利益驱动是生态工业网络形成的前提条件，企业经营的目的是获取最大利润。仍以卡伦堡为例，制药厂之所以选择使用电厂的蒸汽是因为所需资金投入少；石膏厂使用电厂的除尘副产品工业石膏也是为了节省资金，是经济纽带将不同环节联系在一起。有利可图的联系大大提高了参与者的积极性，但经济纽带会受到上游副产品质量及市场的影响，这种关系并不稳定。

（4）园区的企业之间建立了基于契约的合作伙伴关系。企业间的合作是建立在相互依赖和相互信任基础之上的，并且以合同的方式形成契约关系。由于企业的产权明确，而且都谋求最大的经济效益，或减少废物处理费用，企业的副产品都能严格地按合同的要求保证供货质量，不存在宁愿自己企业少挣钱也不让对方安全生产的做法。实际上，这也是企业将长期目标与近期发展相结合，注重信誉谋求长期互惠互利的最佳选择。

（5）生态工业链网的形成具有自发、自组织的特点。在政府参与之前，经济利益的吸引是生态工业园区形成的原动力，伙伴关系是维护生态工业网络稳定的机制。这种自发、自组织和自然界生物群落的形成相似，具有稳定、有效的优点，但同时，企业对未来利益和全局利益的认识存在局限性，使自组织过程缓慢。随着政府参与和企业的觉醒，自发、自组织的缺点得到一定程度的弥补。

横向比较国际上工业园区的绿色发展，可以发现生态工业园区实践更多出现在欧洲、美国、日本、韩国等工业发达国家（地区）。对这些国家（地区）而言，生态工业园区理念主要用于改造现有的工业园区，其目的一方面是继续发掘环境改善的机会；另一方面更是希望增强工业园区的综合竞争力以吸收制造业回流并重振工业经济。对发展中国家而言，生态工业园区理念更多的是用于指导工业园区的规划和建设。发展中国家的工业园区大多处于园区生命周期的初始阶段，产业类型单一，企业数量少且规模小，基础设施建设滞后，管理水平不高且能力不足，因此需要生态工业园区规划和建设的理论指导和经验借鉴。事实上，文献研究也表明，自组织型的生态工业园区建设实践更容易取得成功，而自上而下规划型的建设实践成功案例不多。

三、工业园区绿色发展评价指标体系国内外比较

我国目前在工业园区绿色发展评价方面有三套指标体系，国际上主要是联合国工业发展组织、世界银行集团和德国国际合作机构（GIZ）共同发布了生态工业园区国际评价框架。

世界银行在清华大学有关专家的支持下于 2019 年发布了《加强中国生态工业园区的监管框架：中外绿色标准比较分析》。该报告从工业园区管理、经济、社会和环境绩效四个方面对中国与国际生态工业园区标准进行比较，并针对如何对中国生态工业园区监管框架进一步升级提出了可操作的建议。

分析表明，国家发展改革委侧重于从资源循环角度来评价工业园区，遵循了资源生命周期的评价视角；生态环境部侧重于从生态环保的角度评价工业园区，对于污染控制和环境质量指标较为重视；而工信部评价体系覆盖的维度更为全面，尝试从资源—环境—经济—社会一体化的视角来评价工业园区发展。这些评价视角的不同主要与三个部委的职能划分有密切关系。在很大程度上，这些指标较好地各自服务了相应的管理职能。各自指标都存在一定的优化空间，并且这三套指标对于社会绩效普遍忽视。

总之，与国际框架比较，我国三套指标体系最大的不足在于对园区的管理和社会价值关注不足，只设立了少量的指标。在经济方面，我国更加关注达到绿色/生态园区标准在短期内所带来的益处（如政府补贴、税费优惠等），而非在更长远的时间范围内所带来的"长期/可持续收益"（如更丰富的境外绿色融资渠道，包括国际金融机构提供的绿色债券、绿色信贷、绿色保险、绿色基金等绿色金融

产品的支持）。同时，我国有关绿色基础设施建设的要求相对国际指标体系而言略显不足，仅包括污水处理、绿色建筑、公共交通等方面，而国际指标则包括环境/能源监测平台、温室气体排放监测设施等进一步的基础设施要求。

四、经验启示

我们认为，工业园区绿色发展的内涵是在"绿水青山就是金山银山"理念指引下将工业园区建设成为一个符合循环经济和产业生态学原理、具有高资源效率、高环境相容和高度自适应性的产业发展系统。为此，基于国际经验，我们提出以下 5 点经验启示。

第一，我国需要工业园区发展的顶层设计。目前，我国在单个园区尺度上已经开展了大量的且有成效的绿色园区、生态工业示范园区和园区循环化改造试点，但在全国尺度上则缺乏整体的规划和顶层设计。为此，需要在全国范围内建立分工明确、层次清晰且又相互协作的工业园区发展体系。

第二，我国需要推动国家或区域尺度上工业园区绿色发展数据库的建设。我国与西方工业化国家很大的不同之处在于我国仍处于工业化的快速进程中，相应的区域物质能量代谢也同样处于非稳定状态。因此，在规划生态工业园区时，需要综合考量社会经济变化的动态优化与调控，其基础是逐步建立和完善工业园区绿色发展数据库。

第三，我国需要工业园区绿色发展的政策创新与模式创新。需要开展进一步的政策创新，成为新一轮的"政策先行区"。需要进行有效的政策集成，构建统一的生态工业园区政策体系，为生态工业园区建设提供规范的制度框架，建立生态工业园区健康有序发展的长效机制。进一步需要结合我国自己的市场经济国情，优化补贴机制，设计合理的项目管理体制与多元化的项目融资机制，推动绿色/生态工业园区建设的商业化。

第四，在工业园区绿色发展评价方面，我国需要纳入更多社会和管理指标。国际指标体系更加细致地列举出有关园区环境、社会、经济表现具体的监测手段与方法要求，以及对于关键环境风险因素与响应的要求。因此，我国应该出台一套整合性的工业园区绿色发展评价指标体系，并利用这套指标体系对于国家级工业园区进行综合考评。

　　第五，我国需要逐步建立更加完善的社会支撑体系，加强环境教育。工业园区绿色发展离不开全社会对资源、能源、废弃物全生命周期价值的正确认识。目前我国面临着缺乏可持续废弃物管理体系与环境保护意识的挑战，因此需要政府、企业与科研机构的进一步深化合作，加强环境教育与环境意识培养，逐步建立合理的垃圾分类回收体系，考虑生态资产负债的合理资源、能源价格定价机制改革、废弃物堆存处理的成本改革，能够更好地反映环境外部性，为我国工业园区绿色发展创造更大的市场空间。

第十章
工业园区废水综合毒性管控国际经验[1]

一、我国工业园区废水综合毒性管控现状与问题

（一）国家相关政策规划的管理需求

近年来，党中央、国务院高度重视水污染防治工作。国家以改善生态环境质量为核心，坚决打好污染防治攻坚战，在相关政策规划、科技支撑作用和法规标准方面都针对生物毒性测试工作提出了需求。从"水十条"提出提升饮用水水源水质全指标监测、水生生物监测支撑能力开始，国家陆续发布相关政策，要求在重点流域水源地开展生物毒性监测，选择典型区域、工业园区、流域开展废水综合毒性评估试点，从监测方法、评价标准、监测能力等方面提出明确要求，加快推动水生态环境高质量改善。我国废水综合毒性管控相关政策文件见表10-1。

---

[1] 本章作者：费伟良、张晓岚、高嵩、俞岚。

表 10-1 我国废水综合毒性管控相关政策文件

政策文件	出台时间	发布部门	废水综合毒性管控相关内容
"水十条"	2015 年 4 月 2 日	国务院办公厅	在完善水环境监测网络中明确要求："要完善水环境监测网络，提升饮用水水源水质全指标监测、水生生物监测、地下水环境监测、化学物质监测及环境风险防控技术支撑能力。"全力保障水生态环境安全："保障饮用水水源安全，从水源到水龙头全过程监管饮用水安全"
《生态环境监测网络建设方案》（国办发〔2015〕56 号）	2015 年 7 月 26 日	国务院办公厅	加强重要水体、水源地、源头区、水源涵养区等水质监测与预报预警，在重点流域开展生物毒性监测
《"十三五"生态环境保护规划》	2016 年 11 月 24 日	国务院	在实行全程管控，有效防范和降低环境风险专章中明确指出"开展饮用水水源地水质生物毒性监测""选择典型区域、工业园区、流域开展试点，进行废水综合毒性评估、区域突发环境事件风险评估，以此作为行业准入、产业布局与结构调整的基本依据，发布典型区域环境风险评估报告范例"
《国家环境保护"十三五"科技发展规划纲要》（环科技〔2016〕160 号）	2016 年 11 月 14 日	环境保护部、科学技术部	更加关注生态环境风险和人群健康问题。注重过程高效、结果准确、物种本土化的全生命周期毒性测试与预测技术的开发。研发优先控制污染物筛查、生物毒性综合测试。研究行业特征污染物综合毒性评价关键技术。开展人群健康效应、生态风险和生态毒性等环境健康与基准的基础数据调查和整编。流域水质目标管理技术中提到加强水生态环境补偿评估技术、重点行业毒性减排技术、总氮控制管理技术的研究，形成规范化、标准化和系列化的流域水质目标管理成套技术，提出排污许可管理以及重点行业环境技术管理体系，实现我国水环境管理技术模式转型
《国家环境保护标准"十三五"发展规划》	2017 年 4 月 10 日	环境保护部	"制订一批反映水生生物急性毒性、慢性毒性以及致突变性的监测分析方法标准，配套水环境综合毒性评价体系的建立，健全生物类监测分析方法标准制修订技术方法体系"。"研发优先控制污染物筛查、生物毒性综合测试。""研究建立废水综合毒性评价技术体系，制订废水综合毒性评价技术规范。""根据科学化和精细化环境管理的要求，开展工业园区环境管理、含盐废水控制、抗生素环境风险控制、废水综合毒性测试等理论体系研究，为环保标准的制修订提供技术支持与指导"

政策文件	出台时间	发布部门	废水综合毒性管控相关内容
关于印发《长江经济带生态环境保护规划》的通知（环规财〔2017〕88号）	2017年7月17日	环境保护部、国家发展和改革委员会、水利部	规划提到"组织开展长江经济带河湖生态调查、健康评估。"环境风险监控预警能力建设中专门提到"针对沿江取水的城市开展水源水质生物毒性监控预警建设"
生态环境部针对政协十三届全国委员会第一次会议第0109号（资源环境类009号）致公党中央提出的"关于加强水体毒害有机污染风险防控的提案"进行答复	2018年7月31日		①从产业布局降低水体毒害有机污染风险；②健全化学品全生命周期安全管理体系；③建立毒害有机污染大数据平台；④开展复合有机污染监测与评估试点。"同时要及时开展基于生物效应的复合有机污染监测与评估试点，对饮用水水源及其他地表水开展生物毒性监测。"今后采用高通量综合毒性测试和毒理基因组学测试方法，从效应机制水平上识别水体中复合污染的毒性效应，同时利用"大数据"对监测数据和动态情况进行联网和整理储备，对污染情况做到"心中有数"

（二）国家废水综合毒性管控标准的现状

目前，我国污水排放的监管主要采用物理化学监测方法，根据理化指标进行评价、计算污染物等污染负荷并进行总量控制。我国已制定并不断更新了一系列工业废水污染物排放标准（如针对纺织染整、制浆造纸、制药、电镀等行业的排放标准），这些标准在经济发展过程中对水生态环境保护起到了重要作用。然而，这些标准主要集中在化学需氧量、氨氮及少量污染物（如常见重金属）指标的控制上，所反映的只是废水中某一种或几种污染物的浓度水平及贡献量，并不能反映处理后排放到环境中的废水对生物的综合毒性大小。由于保护人体健康、防范环境风险逐渐成为共识，废水综合毒性指标的应用得到人们越来越多的关注。

1. 废水综合毒性管控标准

我国高度重视水质综合毒性管控，早在2008年的六类制药工业系列排放标准（GB 21903～GB 21908）中就引入了综合毒性指标，即"发光细菌急性毒性（$HgCl_2$毒性当量计）"。制药工业系列排放标准中"急性毒性（$HgCl_2$毒性当量计）"的标准限值主要根据发光细菌法检测废水综合毒性分级标准确定，即$HgCl_2$毒性当量指标值小于 0.07 mg/L 属于低毒，由此确定标准限值为毒性当量 0.07 mg/L，将废水毒性控制在低毒范围内。不足之处在于，参比物质 $HgCl_2$ 为剧毒物质，不仅在实验操作过程中对实验人员的健康不利，在进入环境体系后也会危害人类健康及生态环境。

目前我国水污染物排放标准中对于综合毒性指标的应用尚处在起步阶段，除上述"急性毒性（$HgCl_2$ 毒性当量计）"的应用以外，溞类和淡水鱼类的废水急性毒性指标目前在水污染物排放标准中应用较少，但随着国家对水生态环境重视度的提高，综合毒性指标已逐步被纳入水污染排放标准中，如 2015—2019 年陆续发布的《城镇污水处理厂污染物排放标准》（征求意见稿）、《农药工业水污染物排放标准》（征求意见稿）、《纺织工业水污染物排放标准》（征求意见稿）均增加了综合毒性指标来反映废水的综合毒性，2020 年正式发布的《电子工业水污染物排放标准》（GB 39731—2020）增加了综合毒性控制项目。国内现行排放标准或征求意见稿中涉及综合毒性内容见标准附录。

2．生物毒性测试标准

我国关于毒性指标的概念及含义、表征方式以及监测方法等都尚未形成成熟体系。《国家环境保护标准"十三五"发展规划》中着重提到"着力构建支撑质量标准、排放标准实施的环境监测类标准体系。制订一批反映水生生物急性毒性、慢性毒性以及致突变性的监测分析方法标准，配套水环境综合毒性评价体系的建立，健全生物类监测分析方法标准制修订技术方法体系"。

近年来，国家环境保护标准管理计划中针对生物毒性测试技术标准发布了系列征求意见稿或正式标准发布稿。在 2014 年度国家环境保护标准计划项目指南的环境管理规范中提到"废水综合毒性评价技术规范"，目前该标准正在制定中。在 2015 年度国家环境保护标准计划项目指南中提到"水质 急性毒性的测定 斑马鱼卵法"（配套《城镇污水处理厂污染物排放标准》），已经正式发布的有《水质 急性毒性的测定 斑马鱼卵法》（HJ 1069—2019）、《水质 致突变性的鉴别 蚕豆根尖微核试验法》（HJ 1016—2019）。

生物毒性测试法可以综合反映废水中各种污染物的相互作用，判定污染水平与生物效应的直接关系。目前常用的工业废水生物毒性分析方法有发光细菌急性毒性测试法、藻类毒性测试法、溞类毒性测试法和鱼类毒性测试法等，见表 10-2。

表 10-2　不同受试生物标准毒性测试方法

受试生物	标准名称	标准编号	测试终点
菌类	水质　急性毒性的测定 发光细菌法	GB/T 15441—1995《水和废水 监测分析方法》（第四版）	氯化汞当量、 抑光率、EC_{50}
	水质　水样对弧菌类光发射抑制 影响的测定（发光细菌试验）　第 2部分：使用液体干细菌法	ISO 11348-2—2007	抑光率、EC_{50}
藻类	藻类生长抑制试验	ISO 8692：2004 ISO/DIS 14442：1998 OECD 201	LOEC、NOEC、 生长抑制率
潘类	水质　物质对潘类（大型潘） 毒性测定方法	GB/T 13266—91 ISO 6341：2012 DIN 38412-30：1989	EC_{50}、LC_{50}、 运动改变
鱼类	水质　物质对淡水鱼（斑马鱼） 急性毒性测定方法	GB/T 13267—91 OECD 203	LC_{50}
	淡水鱼和海鱼急性毒性测定方法	EPA712-C-16-007 ISO 7346-1	外观/行为改变、 LC_{50}
	水质　急性毒性的测定 斑马鱼卵法	HJ 1069—2019 EN ISO 15088：2008 OECD 204	外观变化与无心 跳、EC_{50}、LID
	鱼类胚胎和卵黄囊仔鱼阶段的短 期毒性试验	HJ 1069—2019 OECD 212	EC_{50}、LID

（三）我国工业园区废水综合毒性管控现状

工业园区企业废水污染物成分复杂，有毒有害物质种类多、含量高，对水生态系统及人类安全造成严重威胁。目前，工业园区对企业废水的监管主要基于对理化指标的监测和控制。然而，传统的理化指标并不能反映废水对环境的综合效应，难以满足水环境安全管理的需求。相比较而言，废水综合生物毒性指标能够较好地反映废水污染物对生态系统的影响，比测定单一理化指标更具实际意义。但由于废水的综合毒性尚未普遍纳入我国水污染物排放监管体系，截至目前，鲜有开展废水综合毒性管控的工业园区。

本书重点调研了排海、排江的工业园区尤其是化工工业园区，分别是江苏如东县洋口化学工业园区、四川泸州西部化工城——纳溪化工园区、江苏泰兴经济开发区、常州滨江化学工业园区和灵台工业园区以及天津某化工园区等工业园区。调研结果显示，目前，几个园区均未对工业废水实施生物监测，废水综合毒性测试方法尚未在工业园区应用，仅有常州滨江化学工业园区和灵台工业园区等部分开展了废水综合毒性相关研究，为废水综合毒性指标体系的建立奠定了一定基础。

（四）我国工业园区废水综合毒性监管存在的问题

当前，我国水环境管理正从单纯的水质管理向生态管理转变，迫切需要将生物指标引入水体生态和健康风险管理中，但综合毒性指标的应用尚处于起步阶段。工业园区废水综合毒性监管面临以下 3 个问题。

1．尚未建立比较全面的废水综合毒性试验方法体系

我国缺少植物毒性、慢性毒性、生物累积性、遗传毒性和内分泌干扰性测试方法，各项废水排放标准修订过程中未形成全面的毒性标准试验方法体系。标准试验方法中受试生物、测试时间和测试终点是关键的技术内容。其中，测试终点直接反映以何种生物效应作为排放控制点，因此是综合毒性指标方法中最为关键的技术内容，直接影响综合毒性排放限值的确定。由于我国废水综合毒性试验方法建立的目的性不够明确，因而在具体的技术内容上尚未有针对性的规定，需进行系统的研究完善。

2．废水综合毒性监测的研究方法尚未形成稳定、系统的技术规范

由于废水的综合毒性尚未普遍纳入我国水污染物排放监管体系，对于废水综合毒性监测的研究工作开展得不多。如将综合毒性指标纳入我国水污染排放标准体系，需要在前期开展广泛的实际废水水样监测分析研究，掌握工业废水和生活污水的综合毒性基本特征，从而为排放标准中综合毒性指标限值的确定提供数据基础。目前废水综合毒性监测的研究方法尚未形成稳定、系统的技术规范，缺少不同生物毒性方法间的相关性评价，而现有综合毒性研究结果间的可比性不强。选择何种生物进行废水综合毒性的研究，这些生物是否能保护本国或本地区的水生态系统，是我国工业园区废水综合毒性监管需要重视的问题。

3. 现有排放标准中废水综合毒性表征较为单一

现有排放标准大部分发光细菌急性毒性指标采用 $HgCl_2$ 参比毒性进行表征。发光细菌法因测试时间短、重现性好以及其具备成熟的毒性监测设备（如可测定发光强度的毒性测试仪）等优势而较其他生物方法应用更广泛。但其使用的参比物质 $HgCl_2$ 为剧毒物质，不仅在实验操作过程中对实验人员的健康不利，在进入环境体系后也会进一步危害人类健康及生态环境。因此，亟待开发和建立其他快速、稳定的废水标准生物毒性方法来进一步完善工业园区废水的综合毒性监管。

二、发达国家工业废水综合毒性管控经验

为了识别排水中所有有毒物质对水生生态系统的潜在综合影响，一些国家和区域组织采用生物毒性指标评价排水和受纳水体的综合毒性。

（一）美国的排水生物毒性测试

1. 美国的排水生物毒性测试技术

美国是最早开展排水毒性测试研究工作的国家。USEPA 将排水综合毒性（Whole Effluent Toxicity，WET）定义为由水生生物毒性测试直接测量的排水综合毒性效应，将排水综合毒性测试（Whole Effluent Toxicity Test，WETT）定义为用一组淡水、海水与河口的标准化植物、无脊椎动物和脊椎动物评估排水和受纳水体的急性和慢性综合毒性的测试，并且将 WET 技术与水质基准项目、水生态评价项目并称为水质毒性控制战略的三大控制措施。

目前，USEPA 发展了 7 种排水和接纳水体的急性毒性测试方法、10 种短期慢性毒性测试方法（表 10-3 和表 10-4）。通常，急性毒性测试的周期为 24～96 h，淡水生物的慢性毒性测试周期为 4～7 d，海洋和河口生物慢性毒性测试周期为 1 h～9 d。试验生物采用植物、无脊椎动物和脊椎动物。

表 10-3　USEPA 排水和受纳水体急性毒性测试方法

物种类型	试验生物	毒性终点	试验周期
淡水生物	模糊网纹溞（<24 h）	死亡	24 h，48 h 或 96 h
	蚤状溞、大型溞（<24 h）	死亡	24 h，48 h 或 96 h
	黑头软口鲦（1～14 d）	死亡	24 h，48 h 或 96 h
	虹鳟（15～30 d）、湖鳟（30～60 d）	死亡	24 h，48 h 或 96 h
海洋生物	糠虾（1～5 d）	死亡	24 h，48 h 或 96 h
	杂色鳉（1～14 d）	死亡	24 h，48 h 或 96 h
	银汉鱼（9～14 d）	死亡	24 h，48 h 或 96 h

表 10-4　USEPA 排水和受纳水体短期慢性毒性测试方法

物种类型	试验生物	毒性终点	试验周期
淡水生物	黑头软口鲦（仔鱼）	存活、生长抑制	7 d
	黑头软口鲦（胚胎）	存活、畸形	7 d
	模糊网纹溞（<24 h）	存活、繁殖抑制	7 d
	羊角月芽藻	生长抑制	4 d
海洋生物河口生物	杂色鳉（仔鱼）	存活、生长抑制	7 d
	杂色鳉（胚胎、仔鱼）	存活、畸形	9 d
	银汉鱼（7～11 d）	存活、生长抑制	7 d
	糠虾	存活、生长和繁殖抑制	7 d
	海胆	受精抑制	1.2 h
	环节藻	繁殖抑制	7～9 d

2000 年，USEPA 发布了 WET 测试方法导则和建议——*Method guidance and recommendations for Whole Effluent Toxicity（WET）testing*，涉及名义误差率调整、置信区间、剂量-效应关系、稀释梯度、稀释水等内容，该导则有助于 WET 测试的应用和试验结果的理解。同年，发布了 *Understanding and accounting for method variability in whole effluent toxicity applications under the National Pollutant Discharge Elimination System*，阐述了导致 WET 测试不稳定的几个因素，推荐使用最小显著性差异百分率（PMSD 来表示试验方法的敏感性和试验批次间的变异性，以及参比毒物试验数据验证排水毒性结果等。2010 年，USEPA 发展了新的评价 WET 测试结果的统计方法——显著毒性检测（Test of Significant Toxicity，TST），该方法能够更好地确认毒性样品。利用 TST 方法，当排水的急性毒性效

应百分率≥20%时，判定该水样具有不可接受的急性毒性；当慢性毒性效应百分率≥25%时，判定该水样具有慢性毒性效应。

在排水毒性测试的基础上，USEPA 发展了排水的毒性鉴别评估（Toxicity Identification Evaluation，TIE）技术和毒性削减评估（Toxicity Reduction Evaluation，TRE）技术，主要目的是减少废水毒性对受纳水体中水生生物的危害。

2. 美国有毒水污染物排放控制管理

美国联邦法规规定：如果排放废水会导致，或者具有合理的可能性会导致，或者促使河流水质超过州现行水质标准的叙述性基准，则排污许可证必须包含排水综合毒性排放限值。

美国《清洁水法》明确水污染防治目标是恢复和维持国家水域的化学、物理和生物的完整性。为了达到该目标提出的一项重要举措是有毒污染物的控制，在 101（a）（3）部分规定"禁止有毒污染物以有害的量排放"。同时，在 402 部分提出任何点源排污者欲向水体直接排放污染物，都必须取得国家污染物排放许可证，即 NPDES（National Pollutant Discharge Elimination System）许可证。NPDES 许可证中污染物排放限值是有毒污染物排放控制的核心。其中排放限值有两种：①基于技术的排放限值，即根据现有技术结合经济可行性评价而确定的排放限值；②基于水环境质量的排放限值，即为达到既定水环境质量而确定的排放限值。《清洁水法》的 302 部分及 NPDES 法规（40CFR122.44）规定，当发现基于技术的排放限值已不足以满足当地水环境质量要求时，须采用更为严格的、基于水环境质量的排放限值。

基于技术的有毒污染物控制，美国与我国的方式类似，主要通过对已发现的具有毒性的特定化学物质制定国家统一排放限值的形式来进行管控，此外，COD、BOD_5 这类综合性指标也起到了一定的作用。针对基于水环境质量的有毒污染物控制，排放限值制定方法较为复杂，USEPA 印发了相应的技术指南，详细介绍了控制的目标、方法及实施方案。控制的目标有保护水生生物和保护人体健康。控制的方法有特定化学物质控制法、WET 控制法和生物学评估法 3 种，3 种方法各有利弊，任何一种方法都没有特别显著的优势。因此，为实现更为全面的水生态保护，USEPA 建议相对独立地采用以上 3 种方法进行有毒污染物的控制，即独立运用以上 3 种办法提出控制措施，最后采用最严格的控制措施。

3．WET 在美国有毒水污染物排放控制中的应用方法

USEPA 主要通过核发 NPDES 许可证进行有毒物质的排放控制，以排污许可制定程序为主线介绍 WET 应用方法（图 10-1）。主要包括确定适用的 WET 相关基准与标准、废水特性描述、WET 排放限值计算和毒性削减评价等步骤。

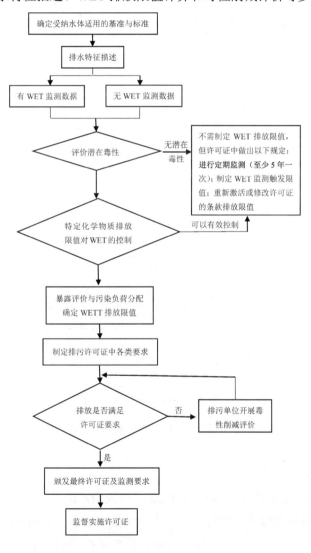

图 10-1　WET 在美国有毒水污染物排放控制的应用方法

（1）WET 排放限值计算

WET 排放限值包括 WET 日最大限值（MDL）和 WET 月平均限值（AML）两种，为得到这 2 个限值需要经过 3 个计算步骤，计算流程如图 10-2 所示。

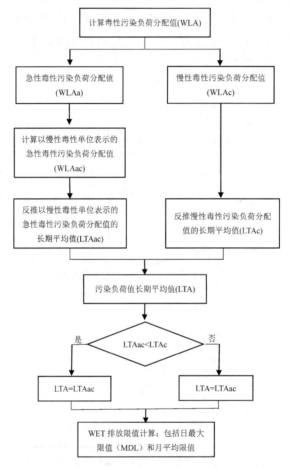

图 10-2　WET 排放限值计算流程

（2）毒性削减评价

当排水的 WET 数值不能满足 NPDES 许可证确定的要求时，有必要找出排水中的哪些关键组分导致其产生毒性，从而排污单位可以有目的地选取有效的处理技术削减其毒性。为了解决这一现实要求，排污单位需组织进行 TIE 和 TRE，以鉴别出致毒原因，筛选适当的处理工艺用于保证水质标准的实现。

（二）英国的排水生物毒性测试

在英国，WET 被称为直接毒性评价（Direct Toxicity Assessment，DTA），被视为除化学特征污染物法和生物评价以外的第三种水质管理方法。早在 19 世纪初期，英国环保部门就已经开始制定相关策略，着手发展 DTA 技术，于 1996 年引入全污（废）水的生态毒性检测法以监控组分复杂污（废）水的排放，后经直接毒性评价示范方案（Direct Toxicity Assessment Demonstration Programme，DTADP）研究确认，DTA 方法特别适用于重污染及有毒废水排放的监控与管理，后作为一种宏观水质指标的补充手段作为英国对废水排放管理的方法措施之一。

根据 1998 年英国环境部对排水综合毒性标准方法测试的报告，对英国本土受试生物代替进口受试生物进行详细研究，保证国家生物安全及毒性检测的灵敏性和准确性，将 DTA 方法落实。其对海洋和淡水、藻类、无脊椎动物和鱼类等不同受试生物分别进行试验，拟定标准，用于英国本土物种的使用判断。海藻类采用肋骨条藻或三角褐指藻；海洋无脊椎动物采用本土的海水甲壳类（*Acartia tonsa* 或 *Tisbe battagliai*）、牡蛎、贻贝；淡水受试生物采用虹鳟（*Oncorhynchus mykiss*）；英国没有选择微生物作为受试生物。

（三）德国的排水生物毒性测试

德国对工业废水生物毒性管控强调无毒性效应，其采用最低无效应稀释度（Lowest Ineffective Dilution，LID）即废水排放到水环境中对水环境生物无不良影响的最低稀释倍数进行综合毒性评估。德国废水排放标准使用 5 种综合毒性测试方法：对鱼卵非急性毒性（Tegg）、对大型溞急性毒性（TD）、对藻急性毒性（TA）、对发光菌急性毒性（TL）和致突变性潜能（基因毒性测试，umu 测试），相关控制标准限值如表 10-5 所示。

在德国，化学工业废水对鱼卵、大型溞、藻和发光细菌的最低无效应稀释度需分别小于 2、8、16 和 32。经 SOS/umu 遗传毒性试验确定的化学工业废水致突变潜能（以诱导率表示）需小于 1.5，该范围在 SOS/umu 试验中处于遗传毒性未检出的水平。

表 10-5   德国废水排放毒性控制标准限值

项目	对鱼卵非急性毒性	对大型溞急性毒性	对藻急性毒性	对发光菌急性毒性	致突变性潜能（umu测试）
纸浆生产	2	—	—	—	—
化学工业	2	8	16	32	1.5
废物生物处理	2（2）	（4）	—	—	—
皮革和人造皮革生产	2	—	—	—	—
皮毛加工	4	—	—	—	—
纺织品生产和整理	2	—	—	—	—
煤焦化	2	—	—	—	—
废物物理化学处理和废油处理	2	4	—	4	—
钢铁生产					
烧结、生铁脱硫、粗钢生产	—	—	—	—	—
二级冶炼、连续浇铸、热成型、管道热成型	2	—	—	—	—
鼓风炉制生铁和炉渣造粒、带钢冷成型，管道、截面、光亮型钢材和钢丝冷成型，半成品钢和钢制品的连续表面处理	6	—	—	—	—
金属加工					
阳极处理	2	—	—	—	—
酸洗、上漆、电镀玻璃	4	—	—	—	—
电镀（非玻璃）、着色、热浸锌涂料、热浸锡、硬化、印刷电路板、电池生产、机械车间、研磨	6	—	—	—	—
水处理、冷却系统、蒸汽发生	—	—	—	12	—
有色金属生产	4	—	—	—	—
印刷和出版	4	—	—	—	—
洗毛	2	2	—	—	—
废物地面储存	2（2）	（4）	—	（4）	—
橡胶加工和橡胶制品生产	2	—	—	（12）	—
垃圾焚烧的废气洗涤，燃烧系统的废气洗涤，无机颜料生产，半导体元件生产，基于纤维胶处理和醋酸纤维的化学纤维、薄膜和纱布生产，铁、钢和可锻铸铁铸造，纤维板和涂料生产，氯碱电解，有害物质的使用	2	—	—	—	—

（四）加拿大的排水生物毒性测试

在加拿大，《渔业法》（加拿大司法部，1985）的污染预防条款对有害物质的沉积进行管控，例如除非得到授权，否则禁止向鱼经常出没的水域中排放污水。因此，加拿大环境与气候变化部力求通过利用行业部门法规（如纸浆和造纸、采矿和市政污水）确保废水排放不会对人类健康和生态系统以及渔业资源构成不可接受的风险。自 1996 年起，对于造纸行业废水的特定化学成分做出限制，不允许对淡水环境中的无脊椎动物或鱼类（虹鳟鱼 *Oncorhynchus mykiss*）产生急性致死性，并通过对受纳水体底栖动物和鱼类生存水域进行水质调查监测排放。自 2002 年起，对金属采矿业废水排放进行了类似的监管，2012 年增加了城市废水排放，但没有增加受纳水体调查的部分。

三、我国工业园区废水综合毒性监测管控对策及建议

（一）完善工业园区废水水质安全评价及管理方法体系

在受试生物方面，建议广泛开展工业废水生物毒性评价研究，针对我国各地区水生生态系统的代表性和敏感性筛选水生生物，以达到科学精准地评价废水安全性的目的。如水蚤生物毒性测试具有灵敏度高、耗时短、可用于急性和慢性毒性评价等优点，在我国工业废水毒性监管中应优先考虑使用。

在监测技术方面，建议加强 WET 监测研究工作，借鉴 WET 监测标准和技术，建立 WET 用于有毒物质排放控制的方法体系。

在分析方法方面，建议加强生物监测结果与理化监测结果的联合分析，从不同角度对废水进行综合、系统、全面的环境质量状况评价，并建立适用于人类健康风险评价的方法标准和质量评价标准，提高监测结果的有效性和可比性。

在管理制度方面，建议以排污许可制度为基础，整合完善我国水污染物综合毒性管控制度，通过对现有相关政策法规进行修改、补充和完善，助力深入打好污染防治攻坚战。

（二）加强工业园区废水综合毒性监测和预警能力建设

在监测手段方面，建议构建工业园区废水毒性精细化管控信息系统平台，在工业园区重点排污企业安装布设自控元器件，通过采集现场监控点位的流量、水质、水位、流向、视频、阀门等信号，收集数据，构建监测模型，再由监管部门和排污企业签订合同，通过该系统平台完成对企业的排放监督与远程控制。

在预警应急方面，通过设定单个点位超标预警阈值和建立模型，筛查超标或嫌疑点位，及时预警，提高监控和监管效率。通过构建以数据为核心的涉及生态环境部门、工业园区、污水处理厂、企业和第三方监测设备运维单位的精细化管控信息系统平台，将预警、超标、警告和处罚等信息进行流转，并将第三方运维单位的日常管理信息进行数据关联、全程留痕，形成一套用于监管企业和运维工作的新型管理模式。逐步完善精细化管控系统，尝试与消防、公安等部门建立联合指挥中心，形成多位一体、多任务、多功能的联合监控平台。

四、国内现行排放标准或征求意见稿中涉及综合毒性的内容

国内现行排放标准或征求意见稿中涉及综合毒性的内容见表 10-6～表 10-15。

表 10-6　制药工业类水污染物排放标准（2008 年）综合毒性排放限值

编号	排放标准	毒性指标	限值
1	发酵类制药工业水污染物排放标准（GB 21903—2008）	发光细菌法（GB/T 15441—1995）急性毒性（HgCl₂ 毒性当量）	≤0.07 mg/L
2	化学合成类制药工业水污染物排放标准（GB 21904—2008）		
3	提取类制药工业水污染物排放标准（GB 21905—2008）		
4	中药类制药工业水污染物排放标准（GB 21906—2008）		
5	生物工程类制药工业水污染物排放标准（GB 21907—2008）		
6	混装制剂类制药工业水污染物排放标准（GB 21908—2008）		

表 10-7　《城镇污水处理厂污染物排放标准》（征求意见稿，2015 年）
综合毒性排放标准

序号	毒性指标	稀释倍数
1	鱼卵毒性	2
2	溞类毒性	8
3	藻类毒性	16
4	发光细菌毒性	32

表 10-8　《农药工业水污染物排放标准》（征求意见稿，2017 年）
综合毒性排放限值

序号	毒性指标	稀释倍数
1	斑马鱼毒性	2
2	大型溞毒性	8
3	藻类毒性	16
4	发光细菌毒性	32

表 10-9　《纺织工业水污染物排放标准》（征求意见稿，2019 年）综合毒性排放限值

序号	污染物项目	使用范围	限值		污染物监控位置
			直接排放	间接排放	
1	大型蚤急性毒性	所有企业	10%（稀释倍数 8）[a]	—	企业污水总排放口
2	发光菌急性毒性		10%（稀释倍数 32）[b]	—	

注：[a] 对稀释 8 倍的水样进行 48 h 测试，大型蚤受抑制率≤10%，视为达到标准要求。

　　[b] 对稀释 32 倍的水样进行 15 min 测试，相对发光抑制率≤10%，视为达到标准要求。

表 10-10　《电子工业水污染物排放标准》（GB 39731—2020）综合毒性排放限值

序号	类别	稀释倍数
1	斑马鱼卵毒性	6

表 10-11　《海水冷却水排放要求》（GB/T 39361—2020）综合毒性排放限值

序号	污染物项目	毒性指标	限值
1	发光菌急性毒性	急性毒性（$HgCl_2$ 毒性当量）	≤0.07 mg/L

表 10-12   《水污染物综合排放标准》（DB 11/307—2013）综合毒性排放限值

序号	污染物 [a]	直接排放		间接排放
		一级标准	二级标准	三级标准
1	发光菌急性毒性（HgCl$_2$ 毒性当量）	0.07	0.07	—

表 10-13   《污水综合排放标准》（DB 12/356—2018）综合毒性排放限值

序号	污染物 [a]	直接排放		间接排放
		一级标准	二级标准	三级标准
1	发光菌急性毒性（HgCl$_2$ 毒性当量）	0.07	0.07	—

[a] 适用于天津市现有排污单位水污染物的排放管理。
注：排入 GB 3838 中 IV 类（含）以上水体及其汇水范围内水体的污水，以及排入 GB 3097 中二类、三类海域的污水执行一级标准；排入 GB 3838 中 V 类或排污控制区水体及其汇水范围内水体的污水，以及排入 GB 3097 中四类海域的污水执行二级标准。

表 10-14   污水综合排放标准（DB 31/199—2018）综合毒性排放限值

序号	污染物	排放限值			污染物排放监控位置
		一级标准	二级标准	三级标准	
1	鱼类急性毒性（96 h LC$_{50}$）	96 h 未达半致死浓度	—	—	单位污水总排放口

注：向敏感水域直接排放水污染物的排污单位执行一级标准。

表 10-15   《生物制药行业水和大气污染物排放限值》（DB 32/3560—2019）

综合毒性排放限值

序号	类别范围	污染物	直接排放限值/（mg/L）	特别排放限值/（mg/L）	间接排放限值/（mg/L）
1	发酵类制药企业（含生产设施）	发光菌急性毒性（HgCl$_2$ 毒性当量）	0.07	0.07	—
2	提取类制药企业（含生产设施）				
3	制剂类制药企业（含生产设施）				
4	生物工程类制药企业（含生产设施）				
5	生物医药研发机构				

第十一章

浙江省工业园区污水
零直排建设实践①

一、园区污水零直排目标和意义

浙江省生态环境厅针对工业园区分别于 2019 年和 2020 年印发了《浙江省工业园区（工业集聚区）"污水零直排区"建设评估指标体系（试行）及评估验收规程》（浙环函〔2019〕337 号，以下简称《验收规程》）和《〈浙江省全面推进工业园区（工业集聚区）"污水零直排区"建设实施方案（2020—2022 年）〉及配套技术要点》（浙环函〔2020〕157 号，以下简称《实施方案》），对工业园区"污水零直排区"建设要求、建设目标、评估以及验收提出了更为具体的要求。除此之外，同步推进了工业园区"污水零直排区"标杆园区的试点建设工作，开展了标杆园区建设指导意见和数字化建设指南等。

---

① 本章作者：杨铭、费伟良、张晓岚、徐志荣。

（一）创建目标

根据《实施方案》，浙江省工业园区"污水零直排区"创建了经济开发区、高新技术产业开发区、保税区、出口加工区、产业集聚区、工业集中区等，并以省级及以上和主要涉水行业（化工、电镀、造纸、印染、制革、食品等）所在园区为重点，推进"污水零直排区"建设。其工作目标要求：全面推进重点园区及工业企业污水收集处理能力建设和雨污分流改造，建立完善长效运维管理机制，确保工业园区污水"应截尽截、应处尽处"，为持续改善水生态环境质量提供坚实保障。到 2020 年年底前省级及以上园区基本完成建设，省级以下重点园区全面启动"污水零直排区"建设并 40%完成"污水零直排区"建设；2021 年年底前，80%完成建设；2022 年年底前，全省重点园区全面完成"污水零直排区"建设。

（二）创建意义

工业园区"污水零直排区"创建是浙江省"十二五"以来首次以工业园区为有机整体推进行业污染整治，是在"十一五""十二五"行业整治点的基础上的深化和提升，同时也是对过往相关行业整治工作一次"回头看"。其创建意义主要体现以下几个方面。

（1）系统性解决问题。以工业园区为有机体整体推进工业园区内涉水企业污染整治，解决了传统行业整治过程中在"点"上企业整治不足，也解决了行业整治中仅限于企业边界范围内，未突破园区管网问题、园区污水处理站、入河（湖）排水口等的不足。另外，也针对企业内部管网提出排查整治要求，提升对废水输送过程的重视程度，避免地下水、土壤二次污染问题。

（2）理顺"源—河"关系。通过系统性的工业园区和企业管网排查、入河排污（水）口的梳理，打通"源—河"关系，形成清晰的"源—网—厂—口—河"[①]脉络，为后续科学治污、精准溯源奠定基础。

（3）推进园区水环境质量改善。目前，浙江省"国、省、市、县"水质断面

[①] 源，为点源，即园区内企业，主要为涉水企业；网，为园区污水和雨水管网，也涵盖企业内部污水和雨水管网；厂，为园区污水处理厂和企业污水处理站；口，为入河排污口和入河排水口，包括企业和园区层面；河，为园区周边河道。

已得到有效改善，但对于园区周边或内部河道水环境质量仍是薄弱点，通过"污水零直排区"建设，将会有效改善园区水环境质量。在"污水零直排区"建设过程中，也逐步认识到要以园区水环境质量改善为导向，倒逼"污水零直排区"建设质量提升。

二、浙江省工业园区污水零直排创建流程和组织架构

（一）创建流程

工业园区"污水零直排区"创建跟"污水零直排区"任务流程（图 11-1）基本一致，包括深度排查，梳理问题清单；制订方案，实施对标整改；规范验收，确保建设成效；完善制度，注重长效管理等流程，具体要求如下：

（1）深度排查，梳理问题清单。采用"点、线、面、网"结合的方式，对工业园区所产生的各类污、废水，包括各类涉水排放的工业企业，开展"地毯式"排查，做到无遗漏点、无盲点。对照"污水零直排区"排查指南、《浙江省工业园区（工业集聚区）"污水零直排区"建设评估指标体系》有关指标和要求，重点排查园区雨污分流、排水管网和泵站建设运行、工业企业截污纳管、污水集中处理设施运行维护等情况，梳理形成整改问题清单。

（2）制订方案，实施对标整改。编制园区及企业"污水零直排区"建设"一点一策"治理方案，细化制定整改措施，明确具体项目表、时间表和责任表，并按照项目化推进、清单化管理的要求，严格对标建设。建设完成后，编制自评报告。

（3）规范验收，确保建设成效。工业园区"污水零直排区"建设完成后，按照评估验收规程组织开展验收。评估得分高于 85 分（含）的为验收合格。园区"污水零直排区"建设区域内如有生活小区或其他类区块的，按照相关验收办法执行。建设区域内所有区块达到"污水零直排区"建设标准，方可认定该园区完成"污水零直排区"建设任务。

（4）完善制度，注重长效管理。建立健全工业园区管网档案管理和运行维护、

重点纳管企业日常监管等长效管理制度体系。新建工业园区或新建、改建、扩建工业项目严格按照工业园区"污水零直排区"建设要求执行。

（二）组织架构

1．城镇"污水零直排区"整体架构

浙江省"污水零直排区"建设推进过程中可分为 2018—2020 年的《行动方案》和 2021—2025 年的《攻坚方案》两个阶段，考虑到期间的职责调整，总结为以下整体的组织架构［以镇（街道）为例］（图 11-1）。

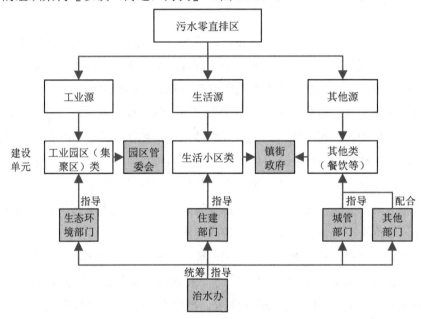

图 11-1　"污水零直排区"建设组织架构（单元级别）

以最小行政单位镇（街道）为例，镇（街道）政府为最小的责任主体，负责所在辖区域"污水零直排区"的建设工作。若辖区范围内有工业园区和园区管委会的，由园区管委会负责园区"污水零直排区"建设工作，即负责工业园区"污水零直排区"建设。按照建设单元类型，相关上级行业主管部门负责指导和督促，具体如下：

（1）县（市、区）生态环境部门负责指导督促工业园区（工业集聚区）类建设单元的建设工作；县（市、区）发改、经信、商务、科技等相关部门按照园区管理分工和工作职责加强指导、督促和支持园区"污水零直排区"建设工作。

（2）县（市、区）建设部门负责指导督促生活小区类建设单元的建设工作。

（3）县（市、区）城管和综合执法部门负责指导督促其他类建设单元的建设工作。

（4）县（市、区）治水办负责"污水零直排区"建设工作的指导、协调、督查、考核等工作。

（5）与其他类建设单元相关的行业主管部门负责配合相关工作，如①县（市、区）教育部门负责指导和督促各类学校、培训机构等开展"污水零直排区"建设的前期排查；②县（市、区）交通部门负责指导和督促港口码头、船舶锚泊服务区、高速公路服务区、客运场站、汽车维修等业主单位开展"污水零直排区"建设的前期排查；③县（市、区）卫生部门负责指导和督促医疗卫生机构开展"污水零直排区"建设的前期排查等。

2．工业园区（集聚区）架构

虽然园区管委会和地方政府为工业园区"污水零直排区"建设的责任主体，包括组织开展底数摸排、问题排查、问题整改、建设实施、长效机制建立与完善等工作。但在整个建设过程中各级生态环境部门除指导督促以外，是充分参与的，包括前期工业园区（集聚区）清单确定，中间建设过程指导督促，后期评估验收以及创建完成后第三方评估及交叉检查等。按照全流程管理思路，梳理形成工业园区（集聚区）"污水零直排区"管理架构（图 11-2）。

由图 11-2 可知，在整体架构的基础上，可进一步梳理形成以下职责分工。

（1）省级生态环境部门：负责省级及以上工业园区清单，并制订实施方案，督促指导全省工业园区（工业集聚区）"污水零直排区"创建。对创建的过程实行定期调度；对完成创建的园区组织第三方开展第三方评估、组织市级生态环境部门开展交叉检查等的情况开展抽查督查，确保不断提升创建质量。同时推进标杆园区建设，鼓励有条件、有基础的园区，开展更高层级的"零直排"，打造工业园区"污水零直排区"2.0 版本。

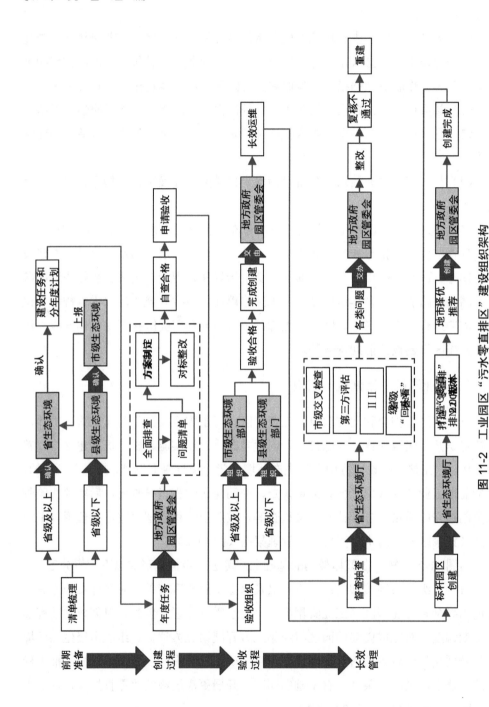

图 11-2 工业园区"污水零直排区"建设组织架构

（2）市级生态环境部门：负责省级以下工业园区清单，督查指导市级园区工业零直排区创建，并负责所在辖区省级及以上园区的验收工作，也可组织所在县级生态环境部门开展交叉检查等工作。验收完成后，按照省级生态环境部门要求开展市级层面督查检查工作。

（3）县级生态环境部门：负责所在辖区省级以下园区梳理，尤其是工业聚集区的梳理；对辖区内创建园区开展创建指导工作，负责省级以下园区验收工作；推荐标杆园区名单。

三、浙江省工业园区污水零直排验收评估技术要求

工业园区"污水零直排区"验收评估包括自评、主管部门验收和第三方评估3个层面，相关评估流程和主体见图11-3。3个评估过程均严格依据《浙江省工业园区（工业集聚区）"污水零直排区"建设评估验收规程》（以下简称《验收规程》）中的评估指标体系，第三方评估会根据实际情况进行适当调整。相关情况介绍如下。

（一）基本要求

1．验收流程

包括园区验收申请、行业主管部门验收、验收公示等流程。另外，考虑到提升建设质量，开展第三方专业评估以及"回头看"、交叉检查等工作，作为治水考核的重要依据。其中，将第三方专业评估作为验收流程中的重要环节（图11-3）。

2．验收方式

采用台账资料审查与现场抽查相结合的方式，对照评估指标体系（图11-1）园区"污水零直排区"建设情况打分评估。得分高于85分（含）的为验收、自评合格。

3．公示要求

在当地主要媒体或政府门户网站上进行公示，公示时间不少于 5 个工作日。

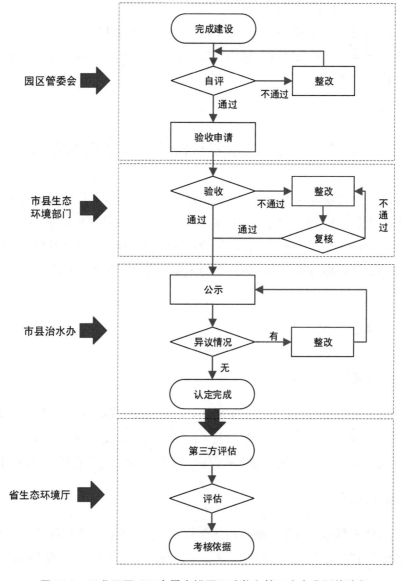

图 11-3　工业园区"污水零直排区"验收和第三方专业评估流程

（二）评估指标体系

从排查、整改、长效管理三个层面进行相关评估指标设计，涵盖工业园区排水管网及泵站排查、污水处理设施调查等 14 小项评价指标、2 项加分项和 1 项扣分项，具体评估指标体系见表 11-1。

表 11-1　工业园区"污水零直排区"评估指标体系

项目	序号	评估指标	分值	评估内容
深度排查（20 分）	1	园区排水管网及泵站排查	8	全面排查园区雨污水排水管网和泵站建设运行情况，查清园区排水系统的结构性和功能性缺陷
	2	污水处理设施调查	4	全面摸清污水集中处理设施建设及运行维护情况
	3	排污（水）情况口排查	2	全面摸清园区入河（入海）排污（水）口规范化整治情况
	4	涉水污染源排水情况排查	6	全面摸清园区工业企业涉水污染源及其排水情况
重点问题整改（56 分）	5	"一点一策"治理方案编制	7	编制"一点一策"治理方案，包含园区层面和企业层面
	6	雨污分流系统建设	12	严格实行雨污分流，园区和企业雨污水收集系统完备，实现"晴天无排水，雨天无污水"
	7	工业废水全收集全处理	10	工业企业建有独立的清污分流、分质分流系统；化工、电镀、酸洗、制革等重污染企业的生产废水输送管道实现明渠套明管或架空敷设；实现工业废水全收集全处理，重点企业废水预处理后达标纳管
	8	生活污水全收集全处理	5	统一收集处理工业企业生活污水；涉重金属行业企业按照相应行业标准执行
	9	初期雨水收集处理要求	9	全面收集处理重污染行业企业和园区其他区域可能受污染区块的初期雨水
	10	污水集中处理设施建设运行	10	工业园区按要求建成污水集中处理设施且达标排放；纳入城镇污水处理设施统一处理的，应确保纳管废水达到相关要求，对设施出水无不良影响
	11	排污（水）口规范化整治	3	工业园区所有入河（入海）排污（水）口完成规范化整治

项目	序号	评估指标	分值	评估内容
长效管理制度（24分）	12	管网档案管理及维护	8	建立已建管网的档案管理和维护制度，明确管网日常维护责任
	13	工业企业监督管理	10	按要求实施排水许可、排污许可制度；强化重点环境行为的日常监管；新建、改建、扩建项目严格执行"污水零直排区"建设要求
	14	应急管理制度	6	建立园区突发环境事件应急预案或应急管理制度，建有园区管网破损、纳管废水溢漏、纳管废水对污水处理设施造成冲击等环境污染事故的应急联动机制
加分项	15	特色做法	+4	建立排水信息化管理系统，对园区和重污染行业企业雨水口实施在线监控等特色做法
	16	正面宣传报道*	+2	特色亮点及经验被省级及以上主要媒体宣传报道的
扣分项	17	扣分项	−20	涉水环境问题被省级以上批示通报、督办约谈，或被省级以上媒体曝光造成不良社会影响，或排放废水严重污染环境的，予以扣分

注：标"*"指标的计时时间段为建设申请之日前溯2年。

另外，为规范评估，对评估指标体系进一步明确了评分细则，涵盖了对评估内容的指标解释、计分办法和数据来源，具体如下。

1. 深度排查

（1）园区排水管网及泵站排查（8分）

评估内容：全面排查园区雨、污水排水管网及泵站建设运行情况，查清园区排水系统的结构性和功能性缺陷。

指标解释：系统排查园区雨污水排水体系，摸清园区生产废水、生活污水、雨水收集管网和泵站建设及使用情况。厘清园区生产废水、生活污水和雨水输送管线情况（地埋、高架或明沟），查明重点区块、重点单位管网是否覆盖，查明管网是否存在雨污混接、错接、漏接、淤积、错位、破损、溢漏等结构性和功能性缺陷，绘制清晰、完整的管网图。

计分办法：具有园区"污水零直排区"建设前雨污水管网及泵站系统布局图集及详细资料的，得2分；园区生产废水、生活污水和雨水输送管线情况，以及管网结构性和功能性缺陷问题罗列清晰、资料翔实的，得6分。缺1项扣2分。

数据来源：相关测绘底图、排查记录等台账资料。

（2）污水处理设施调查（4分）

评估内容：全面摸清污水集中处理设施建设及运行维护情况。

指标解释：全面查清工业园区污水集中处理设施运行维护情况，重点查明污水集中处理设施是否存在超负荷运行、超标准排放的情况，污水处理设施尾水再生利用可行性等。其中，依托城镇污水集中处理设施处理园区工业废水的，须评估工业废水对处理设施出水的影响。

计分办法：完成"污水零直排区"建设前工业园区污水集中处理设施运行维护情况排查，清晰记录污水处理设施进水量变化情况、进出水水质情况、尾水再生利用情况，信息全面的得4分，缺1项扣1分。依托城镇污水集中处理设施处理工业园区废水，未进行纳管废水对处理设施运行影响分析的，扣2分。

数据来源：相关排查记录等台账资料。

（3）排污（水）口情况排查（2分）

评估内容：全面摸清工业园区入河（海）排污（水）口规范化整治情况。

指标解释：全面查清入河（入海）排污（水）口设置情况，重点查明是否按要求完成规范整治、是否存在异常排污等。

计分办法：完成"污水零直排区"建设前工业园区入河（入海）排污（水）口摸排，明确记录入河（入海）排污（水）口建设登记、批复或备案情况、规范化建设及标志牌设置、排污口设置主体、污水来源、排水监测开展等情况，是否存在异常排污等，信息全面的得2分，缺1项扣1分，扣完为止。

数据来源：相关排查记录等台账资料。

（4）涉水污染源排水情况排查（6分）

评估内容：全面摸清工业园区工业企业涉水污染源及其排水情况。

指标解释：全面摸清工业园区工业企业涉水污染源及其排水情况，包括污染源基础信息、排水情况（包括水量、水质、去向）等信息。

计分办法：完成工业园区工业企业涉水污染源及其排水情况调查，清晰记录涉水污染源名单，包括企业名称、行业类型、排水许可证、排污许可证、清污分流情况、雨污管网状况（管线是否为明管、地埋、高架或明沟，是否存在破损、堵塞、渗漏等）、废水标排口建设情况、水质监测情况、各类废水排放量及排放浓度、排水去向（纳管、预处理或排放环境）、初期雨水收集处理情况、雨水排放口建设情况等，形成"一园一档"信息表。信息全面的得 6 分，缺 1 项扣 1 分，扣完为止。

数据来源：相关排查记录等台账资料。

2．重点问题整改

（5）"一点一策"治理方案编制（7 分）

评估内容：编制"一点一策"治理方案，包括园区层面和企业层面。

指标解释：针对前期排查所发现的问题，编制翔实的"一点一策"治理方案，包括园区层面和企业层面问题治理方案。需明确问题清单、项目清单、责任清单和进度安排。

计分办法：编制完成园区及企业"一点一策"治理方案，方案内容充分对应园区和企业排查的问题，措施可行，问题清单、任务清单、项目清单、责任清单和进度安排完整的，得 7 分。发现方案针对性不强的酌情扣 1～3 分；方案中问题清单、任务清单、项目清单、责任清单和进度安排有缺项的，发现 1 处扣 1 分，扣完为止。

数据来源：方案文本等台账资料。

（6）雨污分流系统建设（12 分）

评估内容：严格实行雨污分流，园区和企业雨水、污水收集系统完备，实现"晴天无排水，雨天无污水"。

指标解释：园区、企业严格进行雨污分流系统建设，雨水、污水收集系统完备，管网布置合理、各类管线设置清晰、运行正常，实现"晴天无排水，雨天无污水"。

计分办法：通过查阅园区"污水零直排区"建设自评报告、管网改造图纸资料，并采取现场检查的方式进行判定。查阅自评报告，园区雨水、污水收集系统不完备的扣 2 分，企业雨水、污水分流改造完成率（按企业家数计）每少 1 个百分点扣 2 分。现场抽查园区或工业企业雨水排放口，如发现雨水排放口晴天有排水（符合环评要求的除外），每发现 1 处扣 2 分；雨天排水有明显工业废水的，发现 1 处扣 4 分。抽查自评报告情况不实的，每发现 1 处扣 4 分。扣完为止。

数据来源：园区"污水零直排区"建设自评报告、台账资料、现场抽查。

（7）工业废水全收集全处理（10分）

评估内容：工业企业建有独立的清污分流、分质分流系统，化工、电镀、酸洗、制革等重污染企业的生产废水输送管道实现明渠套明管或架空敷设，实现企业工业废水全收集全处理，重点企业废水预处理后达标纳管。

指标解释：工业企业建有独立的清污分流系统，根据行业废水排放标准、节水要求等建有独立的分质分流系统，废水管道应满足防腐、防渗漏要求，化工、电镀、酸洗、制革等重污染企业的生产废水输送管道实现明渠套明管或架空敷设。园区内所有企业工业废水须实现全收集全处理，废水达标纳管。

计分办法：通过查阅园区"污水零直排区"建设自评报告及支撑材料，并采取现场抽查的方式进行判定。查阅自评报告，工业企业清污分流、分质分流整改率（按企业家数计）每少1个百分点扣2分；重污染企业架空或明管化每少1家扣2分；工业废水纳管处理率（按企业家数计）每少2个百分点扣5分；企业水处理设施近1年出水或经整改后近3个月出现超标问题，每发现1家扣2分。现场抽查工业企业，抽查情况与自评报告情况不实的，每发现1家扣3分。扣完为止。

数据来源：园区"污水零直排区"建设自评报告、台账资料、现场抽查。

（8）生活污水全收集全处理（5分）

评估内容：统一收集处理工业企业生活污水；涉重金属行业企业按照相应行业标准执行。

指标解释：园区内所有工业企业生活污水须统一收集，经处理后达标排放或纳入园区污水集中处理设施统一处理；涉重金属行业企业按照相应行业标准执行。

计分办法：通过查阅园区"污水零直排区"建设自评报告，并采取现场抽查的方式进行判定。查阅自评报告，工业企业生活污水纳管处理率（按企业家数计）每少2个百分点扣1分。涉重金属行业企业的生活污水未按照行业相关标准执行的，每发现1家企业扣2分。现场抽查发现自评报告情况不实的，每发现1家企业扣2分。扣完为止。

数据来源：园区"污水零直排区"建设自评报告、台账资料、现场抽查。

（9）初期雨水收集处理要求（9分）

评估内容：全面收集处理重污染行业企业和园区其他区域可能受污染区块的初期雨水。

指标解释：涉汞、铅蓄电池、电镀、制革、印染、造纸、化工等重污染行业企业需针对可能受污染的区块建立足够容量的初期雨水收集池；园区其他可能受污染的区块需建立初期雨水收集池。分流收集的初期雨水处理达标后排放，或纳入集中式污水处理设施处理。

计分办法：通过查阅园区"污水零直排区"建设自评报告，并采取现场抽查的方式进行判定。查阅自评报告，重点污染行业企业可能受污染区块初期雨水未收集的每家扣3分，收集不到位的（收集池容量不足或未设置切断阀，具体可参阅企业环评或应急预案要求）每家扣2分；园区其他可能受污染的区块未进行初期雨水收集处理的，1处扣2分，收集后初期雨水处置不到位的，1处扣2分。现场抽查自评报告情况不实的，每发现1处扣4分。扣完为止。

数据来源：园区"污水零直排区"建设自评报告、台账资料、现场抽查。

（10）污水集中处理设施建设运行（10分）

评估内容：园区按要求建成污水集中处理设施且达标排放，纳入城镇污水处理设施的，应确保纳管废水达到相关要求，对设施出水无不良影响。

指标解释：园区要按要求建成污水集中处理设施，建有规范的运行维护管理制度，确保稳定达标排放。其中，根据前期工业废水对城镇污水集中处理设施出水的影响评估，导致出水不能稳定达标的，编制限期退出方案，并按计划限期退出。

计分办法：通过查阅园区"污水零直排区"建设自评报告和台账资料，并采取现场检查的方式进行判定。园区或城镇污水集中处理设施近一年出水或经整改后近3个月未出现超标问题的，得10分；发现1次超标排放的扣4分，扣完为止。经前期评估不宜纳入城镇污水集中处理设施处理的，未编制限期退出方案并组织实施的扣5分。

数据来源：园区"污水零直排区"建设自评报告、台账资料、现场抽查。

（11）排污（水）口规范化整治（3分）

评估内容：园区所有入河（入海）排污（水）口完成规范化整治。

指标解释：园区所有入河（海）排污（水）口按要求完成规范化整治。其中，入河排污口按照《入河排污口管理技术导则》（SL 532—2011）规范化建设要求，实现"看得见、可测量、可监控"；入海排污口按照浙环函〔2018〕129 号文件附件要求完成规范化建设；入河排水口按照《室外排水设计规范》（GB 50014—2006）或行业给排水建设要求完成规范化建设。如建设期间国家另行出台相关规范、标准，从其规定。

计分办法：通过查阅园区"污水零直排区"建设自评报告，并采取现场抽查的方式进行判定。园区入河（海）排污（水）口规范化整治每少 1 个扣 1 分。抽查自评报告情况不实的，每发现 1 个扣 3 分，扣完为止。

数据来源：园区"污水零直排区"建设自评报告、台账资料、现场抽查。

3．长效管理制度

（12）管网档案管理及维护（8 分）

评估内容：建立已建管网的档案管理和维护制度，明确管网日常维护责任。

指标解释：建立完善已建管网档案管理和维护制度，明确管网日常维护责任。严格实施管网巡查、检测、清淤和维修等维护机制，切实落实日常养护、管理责任。

计分办法：通过查阅园区"污水零直排区"建设自评报告，已建管网档案，管网巡查、检测、清淤和维修制度及日常落实记录等。管网档案不完善的扣 2 分，日常维护责任不明晰的扣 3 分，维护机制未严格实施的扣 3 分。扣完为止。

数据来源：园区"污水零直排区"建设自评报告、台账资料。

（13）工业企业监督管理（10 分）

评估内容：按要求实施排水许可、排污许可制度；新建、改建、扩建项目严格执行"污水零直排"建设要求。

指标解释：严格按照《城镇污水排入排水管网许可管理办法》，参照《控制污染物排放许可制实施方案的通知》（国办发〔2016〕81 号），对园区内应发排水许可和排污许可证的企业进行发证管理，强化证后监管；新建、改建、扩建项目严格执行"污水零直排"建设要求。

计分办法：通过查阅园区"污水零直排区"建设自评报告，并采取现场抽查的方式进行判定。排水、排污许可证发放率（以企业家数计）每少 2 个百分点扣 1 分，扣完为止；抽查重点排污单位、重点排水户，发现未按照排水、排污许可证管理要求开展监测、巡查等工作的，发现 1 家扣 1 分，扣完为止；企业新建、改建、扩建项目执行"污水零直排区"建设不到位的，1 家扣 2 分，扣完为止。

数据来源：园区"污水零直排区"建设自评报告、台账资料、现场抽查。

（14）应急管理制度（6 分）

评估内容：建立园区突发环境事件应急预案或应急管理制度，建有园区管网破损、纳管废水溢漏、纳管废水对污水处理设施造成冲击等环境污染事故的应急联动机制。

指标解释：存在重污染行业企业的园区应制定有效的突发环境事件应急预案或应急管理制度；对管网破损、纳管废水溢漏、纳管废水对污水处理设施造成冲击等突发环境事件有较好的应急管理对策。

计分办法：存在重污染行业企业的园区未制定有效的突发环境事件应急预案或应急管理制度的，扣 2 分；突发环境事件处置不到位的，每发生 1 次扣 2 分。扣完为止。

数据来源：应急预案或应急管理制度等台账材料。

4．加分项

（15）特色做法（4 分）

建立排水信息化管理系统，实现园区纳管废水情况和管网运行情况实时监控的（包括纳入区域排水信息化管理系统），得 2 分；园区和重污染行业企业雨水口全面安装在线监控设施的，得 2 分。

数据来源：园区"污水零直排区"建设自评报告、各地报送。

（16）正面宣传报道（2 分）

积极向媒体总结推介本地"污水零直排"建设工作特色亮点及经验，在省级及以上主要媒体上刊登、播发相关信息的，每条加 1 分。

数据来源：资料调阅。

5．扣分项

（17）扣分项

因园区涉水环境问题被省级以上批示通报、督办约谈的，或涉水环境问题被省级以上媒体曝光造成不良社会影响的，或园区排放废水严重污染环境的，扣 20 分。已通过验收的，予以取消，重新建设。

数据来源：资料调阅和舆情搜索等。

（三）第三方评估规程

根据《浙江省全面推进工业园区（工业集聚区）"污水零直排区"建设实施方案（2020—2022 年）》中"加强督查考核"明确的组织开展第三方专业评估，从 2020 年开始由省生态环境厅委托第三方评估机构，对当年度的建设任务开展第三方专业评估。第三方评估机构依据《评估规程》编制《工业园区（工业集聚区）"污水零直排区"建设第三方评估技术规程》，包括评估背景、评估范围、评估内容、评估方式、评估标准和评估等级等内容。本书重点介绍 2021 年版第三方评估技术规程，简要介绍评估内容、评估方式、评估标准和评估等级，相关评估评分细则。

1．评估内容

主要包括资料评估和现场评估。

（1）资料评估。主要涉及园区管网系统深度排查资料、"一点一策"治理方案、"污水零直排区"建设自评报告、长效管理机制等验收资料。

（2）现场评估。分为对园区层面（公共区域）和企业层面（厂区内部）的评估，主要涉及对园区雨污水管网系统、污水集中处理设施、入河（海）排污（水）口、企业厂区雨污分流系统、生产废水收集处理、初期雨水收集处置、事故废水收集处置、生活污水收集处理、厂区污水处理设施、排放口等方面的现场核查。对园区入河（海）排污（水）口、园区及周边水体水质进行抽样监测。

根据资料评估和现场评估的核查结果出具年度评估报告，对 11 个设区（市）的工业园区（工业集聚区）"污水零直排区"建设工作质量进行评分，形成工作质量排名。

2．评估方式

（1）园区评估。评估区域覆盖浙江省 11 个设区（市）。考虑到 2021 年建设任务较少，实现建设园区评估全覆盖。

（2）工业企业评估。根据被评估园区建设资料评估结果、园区企业类型等，针对性抽查园区内的公共区块及工业企业进行现场评估。抽查企业的数量原则上不少于 4 家，企业类型优先抽取化工、电镀、造纸、印染、制革、食品等主要涉水重污染行业企业，或园区内主要行业企业。为确保公平，现场抽查的企业名单由评估小组抵达被评估园区后现场公布。

（3）管网设施检查。根据现场核查情况，视需求开展管道电视检测（CCTV）等检查。

（4）水质检测。在现场评估过程中，评估组对园区及企业入河（海）排污（水）口、园区周边水体水质进行抽查采样，检测结果列入评估的依据。

3．评估标准

（1）分值设置。评估采用综合评分法，设置基础分满分 100 分，另设加分项 15 分、扣分项 15 分。

（2）计分说明。评估计分采用扣分制。以资料核查和现场实地核查结果等为依据，如有发现存在不符合要求情况的，逐项进行扣分。各设区市以评估园区得分的平均值作为最终评估得分〔只有一个园区时，以该园区的评分结果作为设区（市）的最终评估得分〕。平均分计算过程统一保留 2 位小数。

（3）评分细则。评估细则参照《浙江省工业园区（工业集聚区）"污水零直排区"建设评估指标体系（试行）》（浙环函〔2019〕337 号）制定，具体评估的评分细则详见附件 1（略）。

4．评估等级

（1）园区评级设置。根据资料审查和现场检查得分情况，将各工业园区分别划分为优秀、良好、合格或不合格四个档次。

（2）设区（市）评级设置。根据辖区内园区综合得分结果和上年度评估问题整改落实情况，将设区（市）划为优秀、良好、合格或不合格四个等级。

四、污水零直排案例分析

梳理了部分工业园区"污水零直排区"典型案例，包括重点园区、"一企一管"管网改造等，典型案例简要介绍如下。

（一）湖州德清工业园区"污水零直排区"建设

1. 项目背景

德清工业园区是一个省级工业园区，建于 2000 年年初，有 182 家企业入园，规模以上企业 70 家，其中涉水企业 42 家。因园区内的雨污水管网建成年限较长，老化严重，且地埋式管道难以彻底修复，许多路段存在雨污混流现象。自 2016 年起，园区涉水企业启动了高标准的"一企一管一表"污水管网智能管控信息化改造项目。通过近年来的努力，政府和企业总投资 6 600 多万元，完成德清工业园区"一企一管一表"全覆盖，实现了工业污水管控从初步监测向智慧控制，从末端治理向源头管理的转变，真正做到了"污水零直排"，水环境质量改善成效显著。

2. 项目情况

（1）项目示意图

德清工业园区通过"污水零直排区"建设开展企业内部和工业园区（工业集聚区）的雨污分流，实现工业废水、生活餐饮污水的清污分流和分质分流；通过老旧管网修复改造建设和重点行业废水输送明管化改造，实现"一企一管一表"污水管网智能管控（图 11-4）。

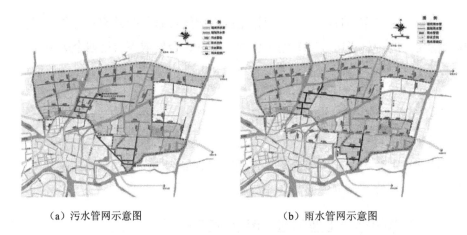

（a）污水管网示意图　　　　　　　　　　（b）雨水管网示意图

图 11-4　湖州德清工业园区"污水零直排区"建设示意图

（2）项目流程图

在前期资料收集基础上，制订了园区的"污水零直排区"建设方案。根据地毯式排查成果，开展园区重点行业污水输送明管化改造和园区老旧管网修复和重建。通过市级验收后，交由第三方开展日常运维。

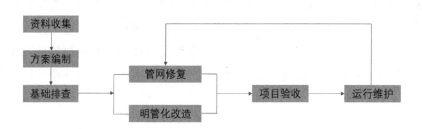

图 11-5　湖州德清工业园区"污水零直排区"建设流程

（3）技术工艺介绍

"污水零直排区"建设过程中，主要采用了人工结合 CCTV 两种方式开展地下管网的内部探测（图 11-6）。

图 11-6　湖州德清工业园区管道机器人管网现场检测

3．主要举措

（1）高标准改造，实现排污管理全程化

一是重建污水管网，杜绝雨污混流。针对地埋管道破损渗漏、底数不清、走向不明、雨污分流不彻底、污水收集率低等问题，通过全面封堵园区内老旧破损的地下雨污管网，以架空形式建造 28 km 污水管网，做到明管明铺。同时，配套建设 7 km 雨水明渠，杜绝雨水混流进入污水管网（图 11-7）。

图 11-7　湖州德清工业园区管网改造前后示意图

二是"一企一管一表"，截污追根溯源。每家企业污水收集后只通过一根架空明管对外排放，精准细分每家企业的污水，改变过去由于多家企业共用一个污水管而导致谁超标难查清现象，实现"谁超标、谁受罚"（图 11-8）。

实现每家企业污水收集后只通过一根架空明管对外排放，并配备一个专用监测表，由集中监控站房实行统一实时监管，防止暗管、偷排漏排

流量监测表

图 11-8　湖州德清工业园区"一企一管一表"示意图

三是落实专人监管，严防偷排漏排。设置集中监控站房，配备专职人员统一管理监测设备，实施 24 小时不间断企业排污监控，运维管理人员执行 24 小时值班制，确保系统和设备的正常运行以及快速处理突发情况（图 11-9）。

图 11-9　湖州德清工业园区集中监控系统

（2）智能化管控，实现监测管理信息化

一是设定排放标准，超标自动留样。研发污水管网智能管控信息系统，设置每家企业的污水排放标准，在线自动完成水质分析检测，对出现数据超标的情况，系统自动留样冷藏，并交由第三方复测后视情况进行处理（图 11-10）。

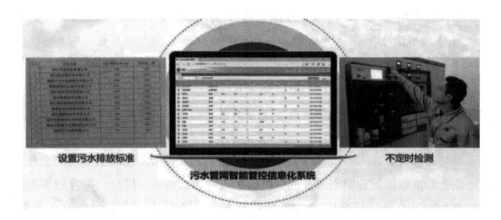

图 11-10 湖州德清工业园区污水管网智能管控信息系统

二是系统智能预警，超标自动切断。系统平台根据检测数据进行智能判断，污水水质一旦超标，系统自动停止企业内部排污泵工作，关闭排放阀门，阻断超标企业排污通道，并自动发送超标预警短信给园区管委会及企业相关负责人（图 11-11）。

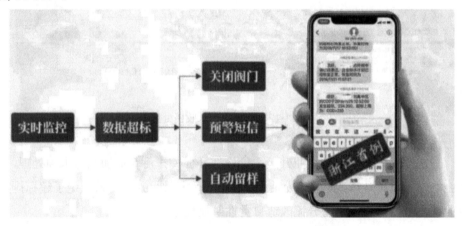

图 11-11 湖州德清工业智能管控系统预警流程

三是实行错峰排放，总量自动控制。系统控制企业分时排放，终端阀门只在允许企业排放时段内打开，接受企业排水，有效避免污水处理厂遭遇峰值冲击无法及时处理污水的情况，确保污水处理厂正常运行。污水处理厂的进水和出水水质得到明显改善，污水处理成本降低 20%以上，每年污水处理厂节约运行成本约 100 万元。

（3）收费控制，排污减量持续化

一是精细管理，掌握排污数据。对企业污水数据进行每日统计，精确掌握企业排水总量、瞬时流量及平均排污浓度等数据，通过详细的数据分析，为探索完善差别收费提供基础支撑。

二是差别处置，实施阶梯收费。以"多污染、多付费"为政策导向，企业污水处理费的征收按行业类别和排放浓度，采取阶梯式收费，区分一般行业和高污染行业，将 COD 排放标准从 0～500 分别设定为 5 档，每档区间差值为 100 mg/L，每档加价标准为 0.1 元/t，排放浓度越高，收费越高（图 11-12）。

工业污水接入网COD浓度分档计价标准

单位：元/立方米

实测污水COD值 (mg/L)	高污染工业企业	其他工业企业	备注
COD≤100	2.10	1.80	
100 < COD≤200	2.20	1.90	在污水厂处理能力内，企业排污超过环评核定排污量后，加收0.5元/吨的污水处理费
200 < COD≤300	2.30	2.00	
300 < COD≤400	2.40	2.10	
400 < COD≤500	2.50	2.20	

注：1. COD值以100mg/L为一档；
2. 实测污水COD值按收费月平均值确定；
3. 当企业排放污水浓度（COD）超过环评允许值10%时，将采取关闸等强制措施拒收污水，直至企业达标排放，方可继续排放；
4. 高污染工业企业指医药、化工、造纸、化纤、印染、制革、冶炼等企业。

排放浓度越高
收费越高

图 11-12　差别化污水收费处置

三是倒逼提升，促进企业升级。价格杠杆促使排污企业加强污水预处理，倒逼企业进行设备升级改造，印染企业中水回用率达到 40%，有效杜绝了超标排放，企业节水减排意识、雨污分流改造自觉性明显提升。

（4）倒逼式提升，实现企业发展可持续化

一是提高了新企业在项目前期对废水预处理的重视程度。污水排放管理模式应用之后，新企业明显提高了项目前期对废水预处理的设计工艺和投入。二是老企业加大对污水处理设施的改造力度。纷纷优化改进企业生产工艺，减少单位产品的污水排放量的同时，提升污水预处理工艺，提升企业竞争力。

4．成效分析

德清工业园区通过"污水零直排区"建设在经济、环境、社会效益等方面实现了"多赢"。

（1）经济效益分析

通过园区信息化平台实现对企业排水的动态监管，及时对企业污水超标排放进行阻断，明显改善污水处理厂的进水和出水水质，污水处理成本降低20%以上，每年污水处理厂节约运行成本约100万元（表11-2）。

表11-2　"污水零直排区"建设前后污水处理厂进出水水质对比　　　　单位：mg/L

月份	建设前进水水质（2016 年）				建设后进水水质（2019 年）			
	COD	氨氮	总磷	总氮	COD	氨氮	总磷	总氮
1	329	12.4	2.1	15.8	215	11.0	4.35	19.7
2	284	12.7	2.3	15.8	198	11.3	3.77	19.9
3	340	12.6	2.2	15.8	264	11.2	6.59	18.6
4	368	12.5	2.1	16.4	308	11.5	7.90	19.1
5	352	13.1	2.6	17.1	247	10.1	7.61	19.0
6	322	13.3	3.0	17.2	344	10.5	7.58	21.9
7	343	12.9	2.1	16.8	291	11.4	7.79	23.0
8	353	12.8	1.8	16.7	227	12.1	7.30	23.4
9	346	13.0	2.4	16.4	312	11.3	7.87	22.7
10	353	13.1	1.9	16.2	326	14.5	7.98	24.1
11	504	13.4	2.2	16.5	360	13.7	7.80	24.3
12	505	16.7	2.3	20.7	337	13.9	7.49	24.9

（2）环境效益分析

项目实施后，彻底解决了园区内 9 km 污水管网及 7 km 雨水管网的雨污混流问题，园区周边水环境明显改善。采取按污染物排放的流量和浓度来计算排入污水处理厂的污水处理费，倒逼企业提高中水回用率，印染企业中水回用率达30%以上。

（3）社会效益分析

为提高污水处理效率而投入生产线及污水处理设备技术改造的企业42家，共计投入改造资金约 3 800 万元，企业家对污水治理的思想认识明显提高。

（二）绍兴市杭州湾上虞经济技术开发区"污水零直排区"建设

1. 项目背景

杭州湾上虞经济技术开发区（北片）（以下简称"经开区"）地处杭州湾南岸，总规划面积 133 km^2。该经开区创建于 1998 年，2013 年经国务院批复升格为国家级经济技术开发区，落户企业约 200 家。连续 3 年入围全国化工园区 30 强（第 13 位），2020 年 10 月成功创建成为国家绿色化工园区。为高水平推进"五水共治"，切实巩固提升治水成果，有效解决"反复治、治反复"问题，实现治水工作从治标向治本转变、从末端治理向源头治理转变，根据省、市、区"污水零直排区"建设有关文件精神，以争做工业园区示范标杆为目标，扎实开展"污水零直排区"建设。

2. 项目情况

（1）项目示意图

经过几轮"8·11"专项行动，经开区已具备较好的环境设施基础，具有较强的环境治理和保护意识。本次"污水零直排区"建设，经开区主要围绕公共区域管网改造，推进企业排水管道明管化和污水处理设施提标改造等方面开展。

（2）项目流程图

在前期资料收集基础上，先后制定了《杭州湾上虞经济技术开发区"污水零直排区"建设行动方案》和《绍兴市上虞区杭州湾综合管理办公室"污水零直排区"建设攻坚方案》。委托第三方机构开展地毯式排查，形成"四张清单、一张图"，梳理了 11 个政府投资项目和企业自筹整改项目。按照"清单式管理、项目化推进"的要求，开展公共区域管网改造，推进企业污水管网高架、雨水明沟明渠和污水处理设施提标，彻底做到截污纳管、雨污分流。

图 11-13　上虞经开区"污水零直排区"作战

3．主要举措

（1）深入排查摸底数

委托专业的第三方机构，"点、线、面、网"结合，开展系统全面的深入排查。一方面，采用人工普查和 CCTV 管道机器人的方式，对公共区域管线布局走向、破损错接等情况及附属泵站运行情况进行地毯式排查；另一方面，按照工业园区建设标准，对企业内部现有雨污管网布局走向、管网底账、雨污分质分流、污水处理设施、雨污排放口等 8 项内容进行逐一体检，最终形成"四张清单、一张图"。

（2）标准建设显成效

按照项目化推进、清单化管理的要求，对存在的问题进行有效整治。实施 11 个政府投资项目和企业自筹资金整改项目，共投资约 1.32 亿元，新建公共区域污水管网 10 km，疏通管道 45 km，改造原有的雨水管 6 km。重点对 180 家企业内部污水处理设施、隔油池、化粪池等设施进行提标，开展污水管网明管化高架输送和雨水明沟明渠改造，彻底做到"分质分流、污水不落地"（图 11-14）。

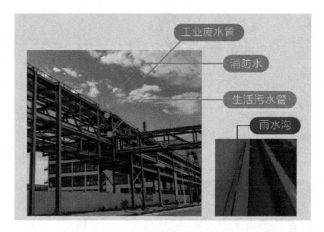

图 11-14 上虞经开区企业污水管网高架和雨水明沟明渠

（3）基础配套作保障

经开区现建有日处理 20 万 t 的现代化污水处理厂，工业废水和生活污水分质处理，工业线尾水排放优于国家规定的排放标准，生活线达到浙江省城镇污水处理厂清洁排放要求。建有污水管网 153 km、公共雨水管网 190 km，全部实行雨污分流并由专业单位进行运维管理；企业均按要求建设废水分类收集和高浓度废水预处理设施，各项污染物指标稳定达到相关纳管标准；经开区雨水、污水管网覆盖率、重点企业初期雨水回收处理率、工业废水处理达标率均达到 100%（图 11-15）。

图 11-15 上虞经开区日处理量 20 万 t 污水处理厂

（4）科技信息强监管

经开区以"标准化、数字化、智慧化"为引领，投资 4.5 亿元打造安全环保智慧监管平台，集成省、市、区三级系统管理平台 12 个，打破业务信息孤岛，实现数据共享。对 133 家日排水量超过 50 t 的企业安装了刷卡排污系统，实施污水排放总量控制，对 116 家涉水企业安装了 320 台（套）废水在线监控系统，严格监管污水排放指标，对 147 家企业安装了雨水排放智能化监管系统，实时监管雨水排放情况。所有系统均实现 24 小时在线监控与分析功能，实现污水、雨水智能监管全覆盖（图 11-16、图 11-17）。

图 11-16　上虞经开区安全环保智慧监管平台

图 11-17　上虞经开区智能化设备

（5）健全机制促长效

经开区按照"夯责任，重监管，抓项目"的目标要求建立了长效管理机制。一方面，经开区通过制定《杭州湾上虞经济技术开发区"污水零直排区"创建工作长效运维管理机制》夯实各单位管理维护责任，切实履行指导、监管、督促、整改"四到位"工作闭环，同时在排水公司对管道运维的基础上先后投入 200 多万元招募第三方专业机构，建立了雨污管网巡查与应急抢修制度，强化对雨污管网的监管力度。另一方面，经开区实行项目入园联审机制，严把项目审批关，对中水回用率低、废水管控处理不到位的项目一律否决，从源头上强化废水管控。

4．成果效益分析

（1）经济效益分析

通过"污水零直排区"建设，经开区在废水总量逐年削减的情况下，产值、税收逐年增加，2020 年与 2021 年较 2017 年分别提高了 1.25 倍和 1.45 倍。

（2）社会效益分析

结合"污水零直排区"建设，经开区打造以"水资源梯级利用"为特征的循环产业连，实施了 14 个国家级和 32 个升级循环化改造项目，推进企业控水节水、开展中水回用。近 3 年来，水资源产出率提升了 34%，尤其是龙盛集团通过改造，突破核心技术，实现废水分级循环利用，酸性废水减排 95% 以上，接近"零排放"（图 11-18）。

图 11-18　典型企业酸性废水资源化

（3）环境效益分析

"污水零直排区"建设完成后，园区企业的生产废水、生活污水全部实现纳管排放，厂区初期雨水得到有效收集，辖区水环境质量不断提升。市控断面水质逐年改善，由原来的劣Ⅴ类水逐渐改善到现在的Ⅲ类水标准，河道自我净化和修复能力再提升，"河畅、水清、岸绿、景美"的美好愿景已成为现实（图 11-19）。

图 11-19　辖区内河道自净化和修复能力提升

（三）鄞州区电镀园区"污水零直排区"建设

1. 基本情况

鄞州电镀园区（以下简称"园区"）位于宁波市鄞州区首南街道李花桥村，于 2004 年正式建成投产。2014 年，鄞州区按照"统一规划布局、严格准入门槛、提高建设标准、落实企业责任"的总体要求，实施全面关、停、转、改，打造国内绿色环保、节能减排、循环经济、可持续发展的环保电镀产业园。整治期间，陆续关停环境污染严重电镀企业 28 家，搬迁不符合园区准入条件电镀企业 6 家。截至 2020 年年底，园区共有符合入园条件电镀企业 17 家，并集资配套建设 3 座污水处理站，内部严格实行雨污分流，电镀废水"分质处理，分质回用"，各区废水进入对应的电镀 A、B、C 三区污水处理站，进行分质处理，电镀废水得到有效治理，区域环境显著改善，真正实现"污水零直排"。

（1）项目示意图

园区建设时间早，各类管线老化严重，内部经常性出现雨污合流现象。为彻底解决园区废水污染反复问题，顺利完成工业园区"污水零直排区"创建，对原电镀园区进行推倒重建，新建电镀废水、生活污水、雨水管道，实现园区内部雨污分流、分质分流（图 11-20）。

图 11-20　鄞州区电镀园区推倒重建

（2）项目流程图

聘请第三方专业技术单位从污水产生源头入手，对园区内部污水（废水）和雨水排放情况进行全面调查，内容含工业企业截污纳管情况，污水排水体系、雨污有无混接等问题。包括查清管网是否覆盖、管网是否存在错接、漏接、淤积、错位、破损、溢漏等结构性和功能性缺陷，查清污水处理设施（厂）运行维护情况等；查找存在的问题，提出解决对策（图 11-21）。

图 11-21　鄞州区电镀园区"污水零直排区"排查

2．主要举措

（1）高标准改建园区，严要求做好运维

一是统一厂房形制，杜绝跑、冒、滴、漏。园区建有统一形制厂房17幢，每幢厂房分四层，一楼不设生产线，仅做转运仓储使用，杜绝了车间生产过程中对地下土壤和地下水的污染，二楼、三楼作为电镀车间，电镀生产线设置高于地面2 m，车间废水分流收集池等安放在架空层，四楼放置废气处理装置（图11-22）。

图 11-22　鄞州区电镀园区标准化厂房设计示意图

二是合理设置分区，专业团队运维。园区按镀种细分为 A、B、C 三个区块。A 区以镀锌为主，镀硬铬为辅，B 区块、C 区块以镀铜、镍为主，镀锡、银为辅，并配套建设 3 个集中式污水处理站，该污水处理站委托浙江海拓环境技术有限公司进行设计建造，并由该公司团队负责整体养护、运营（图11-23）。

图 11-23　鄞州区电镀园区区块分布示意图

三是提升工艺设备，源头根治污染。园区采取"工艺全自动、设备全封闭、设备全架空、废水全分流、效益全提高、管理全加强"六个方面全过程控制，从源头出发，贯穿生产全过程，根除末端污染。目前园区电镀生产线上几乎见不到工作人员，地面没有污水，空气没有异味，真正实现了治理专业化、设备自动化（图 11-24）。

图 11-24　鄞州区电镀园区企业自动化案例

（2）抓好行业标准，打造零直排区

一是梳理电镀要点，逐条改造建设。园区排水系统采用雨污分流制，电镀废水分质分流，每股废水经明管（架空）单独接至污水处理设施进行处理，雨水经雨水管道（地埋）收集进入初期雨水池，通过泵打入污水处理设施进行处理，生活污水经化粪池预处理后通过生活污水管道（地埋）接入宁波南区污水处理厂，存在地下水污染风险的区域设置地下水监测井（图 11-25）。

二是聘请专业单位，深化创建整改。在新园区投产后，2018 年至今已两次委托第三方单位对园区进行全面体检，排查内部雨污合流情况，制订园区、企业两个层面"一点一策"方案，针对排查出的问题进行专门整改，制订四张清单，编制整改前后对照表，全面完成省级"污水零直排区"建设任务（图 11-26）。

图 11-25 鄞州区电镀园区雨污水管网情况

图 11-26 鄞州区电镀园区全面体检

3．成效分析

（1）社会效益分析

经过政府和企业多年来的努力，园区占地面积由 523 亩（1 亩≈667 m²）缩减至 97 亩，土地集约率上升，亩均产值同步上升；自动线替换手动线，电镀生产线从 468 条减少至 145 条，用人成本大幅下降，电镀加工产值大幅提升。

（2）环境效益分析

顺利完成工业园区"污水零直排区"建设后，园区营收进一步增长，电镀企业从原来的 51 家关停改造为 17 家，用水量节约了 1/3，排污量减少了 1/3，生产效率提高了 1/3。同时，从根本上解决了园区电镀废水口未纳入市政污水管网的问题，有利于奉化江以及周边河流水环境质量不断提升。

（四）衢州高新技术产业开发区"污水零直排区"建设

1. 基本情况

衢州高新技术产业开发区（衢州智造新城高新片区）经浙江省人民政府批准于 2002 年 6 月成立，2013 年升格为国家级高新技术产业开发区，园区集聚精细化工、氟硅钴新材料、锂电新材料、电子化学材料、新能源、新型显示材料、钢铁等行业。为深入贯彻习近平生态文明思想，践行"绿水青山就是金山银山"理念，积极响应浙江省委、省政府提出的"推动全省生态环境质量持续提升，高质量建设美丽浙江，实现生态文明建设先行示范"，衢州高新技术产业开发区以持续改善园区水环境质量为目标，不断提升"污水零直排区"建设品质，以环境治理数字化转型为依托，以工业污水管网"下改上"为抓手，打造工业园区（工业集聚区）"污水零直排区"建设标杆。

（1）项目示意图

衢州高新技术产业开发区作为首批被列入省级"污水零直排区"建设的污水零直排园区，通过企业雨污分流、企业内部"下改上"提升改造、园区公共管网清淤、生活污水截污纳管、园区公共污水管网"下改上"建设等项目建设，以彻底解决部分管道因使用年限较长导致管道破损泄漏，以及管道埋地铺设带来的管道泄漏，检修、维护不便等问题（图 11-27）。

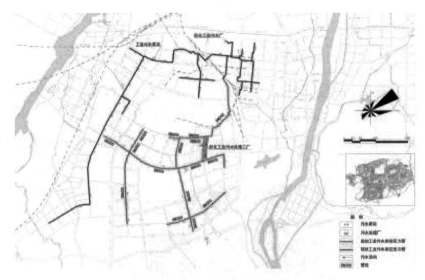

图 11-27　园区"污水零直排区"建设示意图

（2）项目流程图

为保障"污水零直排区"创建有序推进，制定下发了《衢州高新技术产业开发区"污水零直排区"建设行动方案》和《衢州高新技术产业开发区"污水零直排区"建设"六个一"指导意见》。组建专业化队伍，对园区污水管网进行系统摸排，梳理了"五大类"建设项目，因地制宜地制订了"一厂一策"。建立工作清单、责任清单、进度清单，做到工作项目化、项目清单化、清单责任化，确保建设工作落细落实（图 11-28）。

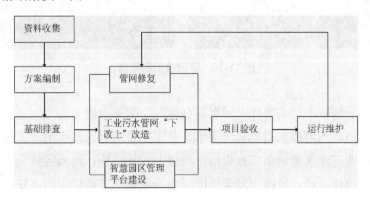

图 11-28　园区"污水零直排区"建设流程

2. 主要举措

（1）全面摸排，充分打牢"污水零直排区"建设基础

衢州高新技术产业开发区投入约 130 万元，采用 CCTV 等探测技术，检查、清淤管道约 5 km，完成多条道路的雨水、污水管网的清淤、检测工作；排查窨井 360 余座、污水管网修复 29 余处；检查井号牌并制作安装 1 641 块；各类排渠污染源排查约 6 km（图 11-29）。

图 11-29　管网检测和修复

（2）勇于创新，切实建好"污水零直排区"基础设施

雨污合流，入河排水口里冒出黑水，是困扰工业园区治水的一大难题。衢州高新技术产业开发区聘请第三方机构，组建专业化队伍，对园区内企业的污水管网进行系统摸排。针对摸排中发现的园区内企业漏排难监管、污水管网淤积破损难溯源、管道损毁难维护等问题，投资 6 300 万元，在浙江省率先采取污水管网

"下改上"架空铺设方式，建设完成全长约 23.9 km 覆盖园区所有工业企业的架空污水管廊，工业污水纳管率达 100%，自此企业污水排放、输送情况一目了然，彻底破解了老旧产业园区地下污水管网监管、维护难题，打造了"污水管网上管架"新风景（图 11-30）。

图 11-30　工业污水管网"下改上"架空铺设

（3）线上监管，全力打造"污水零直排区"监测体系

依托智慧园区管理平台，协同"智慧环保"系统应用，推进数字化监管，通过实时视频监控、在线监测、自动采样监测等手段，开展线上执法，实现线上千里监控，线下执法联动。衢州高新技术产业开发区累计在各排渠建设 8 个水质监测站，在污水管网布设 14 个液位监测点，在 64 家企业设置 64 个在线污水和 60 个清下水水质监测点，实现全域覆盖性、立体性的 24 小时实时在线监控网全过程监管，实时监测水体 pH、溶解氧、COD 浓度、氨氮含量，准确评估园区环境水质量现状及其变化趋势，为污染溯源、事故应急提供科学依据，构建了"可预警、可追踪、可溯源"的园区水环境质量监测体系（图 11-31）。

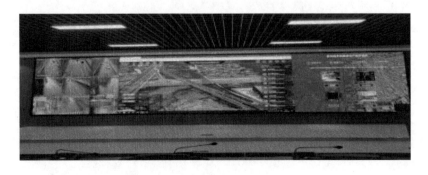

图 11-31　智慧园区管理平台

（4）注重长效，着力构建"污水零直排区"运维机制

衢州高新技术产业开发区出台了"六个一"指导意见，更好地指导"污水零直排区"运维工作。一个工作机构，建立"污水零直排区"运维工作机构，明确职责分工；一个工作方案，根据企业实际情况编制厂区"污水零直排区"运维工作方案；一张问题清单，在运维过程中列出问题清单，主要包括存在的问题、整改措施、整改时间、责任人等；一张管网总图，完善企业管网总图，主要包括工业废水、生活污水及雨水排放管线；一套管理制度，指导企业建立管网定期巡查制度、清下水排放管理制度、车间废水收集池管理制度、污水输送管理制度；一套台账资料，建立"污水零直排区"运维台账资料，包括上述工作方案、问题清单、管网总图等，建立各类管理制度及其执行情况台账、污水输送量及浓度台账、清下水监测台账等。

3. 成效分析

（1）提升了基础设施水平

通过"污水零直排区"建设促进了园区基础设施建设，推动了一批企业进一步完善了"污水零直排区"设施，为下一步污染防治奠定了基础。

（2）提升了"五水共治"满意度

一方面，让身边的环境质量得到改善，"五水共治"（河长制）知晓度、参与率、支持度、满意度和获得感得到大幅提升；另一方面，通过在园区企业设立"污水零直排区"橱窗，增强了企业员工参与治水的积极性。

第十二章

我国园区水污染治理典型案例[①]

一、工业废水分类收集、分质处理，确保稳定达标排放

（一）上海化学工业区污水处理厂污水处理

1. 案例概况

上海化学工业区现拥有 5 条污水生化处理线和 2 条活性炭吸附处理线，以契约化的污水处理服务模式和合理的收费机制为园区内的 70 余家客户提供污水处理服务。污水处理厂由中法水务发展有限公司负责运营，通过源头实时监测、大容量缓存和水质调节确保进水稳定；同时采用高效的生化处理法和活性炭吸附法，并利用高级氧化工艺和深度处理工艺保障了出水水质。

---

① 本章作者：韵晋琦、杨铭、费伟良。

2．典型模式

该案例展现了先进的服务模式、合理的收费机制、完善的管理制度、严格的操作规程，在园区分类收集、分质处理、水质全过程实时监控、专管专送、分线处理和应急处理方面独特先进，保障了出水长期稳定达标排放。

3．案例特点

考虑到各化工企业废水水质水量差异较大，污水处理厂采用了按污染物排放量计费的运营模式。园区企业可以根据协议排放一定流量和浓度的污水，而污水处理厂则需确保客户污水得到有效处理并达标排放，并最终由政府生态环境部门进行监督。污水处理费用主要由企业污水水量及水质决定，并兼顾污水处理厂的运营成本，以保障污水处理收费机制的合理性。

项目拥有先进的污水处理理念。该案例污水处理特色可以总结为分类收集、分质处理，水质全过程实时监控、专管专送、分线处理和应急处理。上海化学工业区中法水务发展有限公司首先将园区内的污水分为生活污水、工业污水，使用各类先进在线监测系统和实验室分析对污水处理厂的进水、工艺段水样和污水处理厂出水进行 24 小时全过程实时监控；该公司对每个客户的污水进行专管专送，并为其中 26 家主要客户均配有一个特定的污水缓存池；在每个客户污水进水管道上都配备了自动采样仪，进行混样采集，并在实验室对所有客户进水混样进行全面分析；该公司现拥有 7 条独立平行运行的污水处理线，污水根据水质差异被分配至 5 条生化处理线和 2 条活性炭吸附处理线进行处理；生化处理线用于处理高有机污水、硝化污水和反硝化污水，而活性炭处理线用于处理 2 家客户的高盐污水。

工业废水实现长期稳定达标排放。依靠先进的污水处理理念，规范的污水处理流程和严格的运营管理，该案例不仅能够有效去除污水中绝大部分的污染物，并且长期稳定达标排放。2008—2016 年，出水 COD 和氨氮浓度分别为 53～73 mg/L 和 6 mg/L 以下，其数值远低于《上海市污水综合排放标准》（DB 31/199—2009）中的二级排放标准（COD：100 mg/L；氨氮：15 mg/L），且其去除效率一直保持同行业领先水平。

（二）浙江横店电镀园区

1．案例概况

为规范电镀行业发展，加快产业转型升级，浙江省东阳市于 2013 年将辖区内电镀企业集中在横店电镀工业园区。园区电镀企业发起组建的水处理有限公司投资建设了电镀废水集中处理设施，并与"浙江海拓环境技术有限公司"签订了运营服务协议，对园区污水处理设施进行标准化运营管理，园区企业向其购买污水治理服务。

2．典型模式

该项目电镀废水设计处理规模为 2 500 m^3/d，执行《电镀污染物排放标准》（GB 21900—2008）表 3 标准。该案例从废水源头开始分类收集、分质处理，全过程监控水质，通过三方协商、托管合同约定等手段加强前端控制，通过标准化、自动化、精细化操作，实现低运维成本的稳定达标排放，具有较好的示范作用。

3．案例特点

对污水进行分类收集、分质处理、进水监管。针对电镀废水的复杂性和难处理性，遵从分类收集、分质处理、达标排放的原则，本案例将电镀废水分为含氰废水、含铬废水、含铜废水、含镍废水、含锌废水、综合废水、前处理废水、化学镍废水、铝氧化废水、锌镍合金废水、焦铜废水、退镀漂洗水等不同类别。在处理过程中，污水处理厂运营方对园区企业来水进行人工和设备定时监控，有效做到进水可测、可溯，实现了对园区企业排污的有效监管。

采用全过程标准化精细管理。一是采用"HT-SOMS（环境运营管理标准化系统）"，对现场安全、环保标识标牌、设备流程、人员操作等进行标准化管理，实现生产管理可视化；二是将工艺数据和处理过程通过展板公开，方便园区监管部门实时监督并实现管理简单、易控；三是处理工艺流程中的投药系统，全部采用自动化精细控制；四是石灰药剂采用密闭管道和定制立式石灰料仓进行储运，并可通过液位计观察使用情况，极大地降低了粉尘污染和运行成本。

二、通过"一企一策"实现精细化管控

新沂市经济开发区化工废水第三方治理 PPP 项目

（1）案例概况

该项目位于新沂市经济开发区内，设计总规模为 3.0 万 m^3/d，由新沂市人民政府通过公开招投标与光大水务运营（新沂）有限公司签署污水处理厂改建、扩建及运维 PPP 项目特许经营、污水处理服务、资产转让等协议。项目于 2016 年 7 月开始进入特许经营，经营期 25 年。项目在 2017 年二期工程（1 万 t/d）扩建的同时，对一期工程进行全面升级改造和整体优化，采用"初沉+调节+厌氧水解+A^2/O+二沉+高效沉淀+臭氧氧化+曝气生物滤池+反硝化滤池+纤维转盘过滤+消毒"工艺，执行《城镇污水处理厂污染物排放标准》（GB 18918—2002）一级 A 标准，总投资 1.6 亿元。

（2）典型模式

该案例采用"一企一评""一企一价""一企一管""错时排水"的管理模式，较好地解决了工业废水水质水量变化大、收费难的问题，处理效果良好，具有较好的典型性和示范意义。

（3）案例特点

本案例采用先进的自主知识产权污水处理技术工艺。该案例处理工艺"首格升流式 ABR 反应器改进装置及方法"为自主知识产权技术。深度处理系统包括 BHU 高效沉淀、臭氧氧化、曝气生物滤池、反硝化滤池，成套工艺结构紧凑、去除效率高、运行成本低，工艺技术水平处于国际领先地位。此外，工业废水处理产生的污泥属于危险废物，一般处置费用较高。而该案例设计开发了国内先进的低温除湿干化工艺，经低温除湿干化后的污泥含水率可由 80%降至 30%以下，显著降低了危废处置量及处置成本。

本案例采用"一企一策"的污水管控措施，委托专业机构对园区内化工企业的污水治理设施现状、产品结构、特征污染物等进行"一企一评"，发现问题、提出整改措施、逐一确定企业污水纳管标准；地方政府则委托第三方核定每家企业污水处理费，针对每家企业的水质、难降解特征污染物种类、毒性等分别定价，并由物价部门核发，实现"一企一价"；该案例中园区内每家企业均通过独立的管线将污水排入污水处理厂外的调节池，并建立了污水接管档案，使污水处理厂定期掌握企业污水处理设施运行情况，这种"一企一管"的方式保证了化工园区污水处理稳定运行；为保证污水输送管网排水安全和进水水质稳定，该案例根据企业的污水浓度、水量等因素进一步优化了园区企业排水时间，制订了"错时排水"方案；该案例还升级了开发区化工企业废水排放监控平台，增加固、气监控设施，全面打造高标准污染物治理及监控体系，并在此基础上建设"智慧水务"运营管理系统，进行大数据分析，实现科学化运营管理。

本案例参考发达国家按污染物排放量计价收费的模式。化工企业排污接管收费标准由新沂市政府主导、第三方评估、物价局核发，采取了"基准价+企业受控污染因子费用（企业受控污染因子费用：企业污水中受控污染物因子个数×特征因子单价）"方式，以确定各企业污水处理单价；新沂市住建局将需支付项目的污水处理服务费列入市财政预算，每月对光大水务运营（新沂）有限公司的污水处理量和质量进行考核并及时向市财政部门申请支付污水处理服务费，采用收支两条线，保证污水处理服务费支付的及时性和公正性；污水处理服务费单价可按规定每两年申请调整一次，在经物价、住建、财政、审计等部门对处理成本进行核算后，方可进行调价。

三、合理规划产业布局，提升水的循环利用率

山东省潍坊经济技术开发区"一水多用"模式

（1）案例概况

山东省潍坊经济技术开发区为减少工业废水排放，提高水资源循环利用率，规划建设了以山东海化集团为龙头的循环经济型生态海洋化工产业系统，生产盐及苦卤化工系列、纯碱系列、溴系列等化工产品，形成了"一水六用"的集约利

用模式。

（2）典型模式

该案例具有先进的工业园区规划建设理念，以实现产业共生为抓手，通过合理规划产业布局，科学搭配行业产能，实现水资源的最大化利用，不但降低了废水的产生量，节省了污水处理成本，而且变废为宝，使之成为下游行业的原料，是典型的生态工业园建设案例。

（3）案例特点

该案例运用水资源梯极化配置模型，建立园区工序内部、企业及企业之间水循环思想，提高水的循环利用率，实现了"一水多用"的生态化工业生产模式。

在案例中，第一步，将海水引入池塘养殖鱼虾蟹等海产品，产生经济效益；第二步，待水中盐度无法满足养殖需求时，可将废水排出，与抽取的地下卤水混合送至纯碱厂、热电厂等企业充当工艺冷却用水，大量节省了这类企业循环冷却水的使用量；第三步，经过热交换吸收了工业余热的卤水送到溴素厂进行吹溴，节省了溴素厂卤水加热成本，提高了溴素的提取率；第四步，将吹溴后的卤水送到晒盐场制盐；第五步，晒盐后产生的固体废物（苦卤）可送到硫酸钾厂生产硫酸钾、氯化镁等产品。

在该循环链条中，一股海水原水在5个不同的行业间实现了物料流转，先后充当养殖用水、循环冷却水、溴素原料、晒盐水、化工原料。在此模式下，这些企业原本应送污水处理厂处理的工业废水，成为另一个企业的原料，实现了变废为宝，不但节省了污水处理费，还产生了较好的经济效益，是工业园区通过生态化建设，实现环境保护与经济建设协同发展的典型案例。